"十二五"国家重点图书出版规划项目
当代经济与管理跨学科新著丛书

工程项目招投标与合同管理

主　编　陈天鹏
主　审　巩艳芬

哈尔滨工业大学出版社

内 容 简 介

本书内容符合高等院校教学要求,涵盖招投标与合同管理的相关法律;建筑工程市场;工程招标、投标;建设工程施工合同管理;附录等。

本书适合于土木、经管类工程管理、企业管理、国际贸易等专业教学使用,也可作为项目经理职业培训及执业资格考试教材。

图书在版编目(CIP)数据

工程项目招投标与合同管理/陈天鹏主编. —哈尔滨:
哈尔滨工业大学出版社,2015.10(2017.2 重印)
(当代经济与管理跨学科新著丛书)
ISBN 978-7-5603-5672-3

Ⅰ.①工⋯　Ⅱ.①陈⋯　Ⅲ.①建筑工程-招标　②建筑
工程-投标　③建筑工程-经济合同-管理　Ⅳ.①TU723

中国版本图书馆 CIP 数据核字(2015)第 262007 号

责任编辑	杨秀华
封面设计	刘长友
出版发行	哈尔滨工业大学出版社
社　　址	哈尔滨市南岗区复华四道街 10 号　邮编 150006
传　　真	0451-86414749
网　　址	http://hitpress.hit.edu.cn
印　　刷	哈尔滨工业大学印刷厂
开　　本	787mm×1092mm　1/16　印张 14　字数 338 千字
版　　次	2016 年 1 月第 1 版　2017 年 2 月第 2 次印刷
书　　号	ISBN 978-7-5603-5672-3
定　　价	33.00 元

(如因印装质量问题影响阅读,我社负责调换)

前　言

　　工程项目招投标与合同管理是高等学校工程管理专业的一门专业基础课程，是未来工程项目经理、监理工程师、营造师等工程管理人员所必须掌握的专业课程，对培养高素质工程管理人员尤为重要。通过本书的学习，可以了解建设工程项目招投标与建设工程合同管理的相关内容，了解我国建设市场体系，熟悉工程招投标的概念、方式、程序及有关法律问题，掌握工程施工招标和投标，熟悉投标施工组织设计和投标报价，掌握开标、评标和定标的有关知识，为今后的学习和工作打下良好的基础。

　　本书理论联系实际，力求内容通俗易懂，实用性强。全书共分五章，主要包括：招投标与合同管理的相关法律；建筑工程市场；工程项目招标；工程项目投标；建设工程施工合同管理等内容。

　　本书由陈天鹏主编，巩艳芬主审。本书的出版得到了国家社科基金项目"基于生态文明的新型城镇化实现路径与制度创新研究"（15BJY035）的资助。本书编写过程中参考了所列文献的部分内容，谨此表示衷心的感谢！文中有不当之处敬请专家学者批评指正！

编　者

2015 年 10 月

目　录

第一章 招投标与合同管理的相关法律

[学习重点] 熟悉、掌握与工程项目招投标与合同管理相关的建筑法、担保法、保险法等法律知识。

第一节 建 筑 法

一、建筑法的概念及立法目的

（一）建筑法的概念

建筑法是指调整建筑活动的法律规范的总称。建筑活动是指各类房屋及其附属设施的建造和与其配套的线路、管线、设备的安装活动。

建筑法有广义和狭义之分。

狭义的建筑法是指于1998年3月1日起施行的《中华人民共和国建筑法》，以下简称《建筑法》。该法是调整我国建筑活动基本法律，共8章，85条。它以规范建筑市场行为为出发点，以建筑工程质量和安全为主线，包括总则、建筑许可、建筑工程发包与承包、建筑工程监理、建筑安全生产管理、建筑工程质量管理、法律责任、附则等内容，并确定了建筑活动中的一些基本法律制度。

广义的建筑法，除《建筑法》之外，还包括所有调整建筑活动的法律规范。这些法律规范分布在我国的宪法、法律、行政法规、部门规章、地方性法规、地方规章以及国际管理中。

（二）建筑法的立法目的

1. 加强对建筑活动的监督管理

建筑活动是一个由多方主体参加的活动。没有统一的建筑活动行为规范和基本的活动程序，没有对建筑活动各方主体的管理和监督，建筑活动就是无序的。为了保障建筑活动正常、有序地进行，就必须加强对建筑活动的监督管理。

2. 维护建筑市场秩序

建筑市场是社会主义市场经济的重要组成部分。制定《建筑法》就是要从根本上解决建筑市场混乱状况，确立与社会主义市场经济相适应的建筑市场管理体制，以维护建筑市场的秩序。

3. 保证建筑工程的质量与安全

建筑工程质量与安全关系到国计民生的大事，是建筑活动永恒的主题，无论是过去、现在还是将来，只要有建筑活动的存在，就有建筑工程的安全问题。

《建筑法》以建筑工程质量与安全为主线，做出了一些重要规定：

（1）要求建筑活动应当确保建筑工程质量和安全，符合国家的建筑工程安全标准；

（2）建筑工程的质量与安全应当贯彻建筑活动的全过程，进行全过程的监督管理；

（3）建筑活动的各个阶段、各个环节，都要保证质量和安全；

（4）明确建筑活动各有关方面在保证建筑工程质量与安全中的责任。

4.促进建筑业健康发展

建筑业是国民经济的重要物质生产部门,是国家重要支柱产业之一。建筑业的产业链比较长,涉及70多个产业,如金融、钢铁、汽车、建材、装饰装修、家具、家电、劳务等。建筑活动的管理水平、效果、效益,直接影响到我国固定资产投资的效果和效益,从而影响到国民经济的健康发展。为了保证建筑业在经济和社会发展中的地位和作用,同时也是为了解决建筑业发展中存在的问题,必须依靠法制建设,不断深化我国建筑市场和建设体制改革,以促进建筑业持续、健康发展。

二、建筑工程许可

(一)建筑工程许可制度

1.建筑工程许可的规范

建设单位必须在建设工程立项批准后工程发包前,向建设行政主管部门或其授权的部门办理报建登记手续。未办理报建登记手续的工程不得发包,不得签订工程合同。新建、扩建、改建的建设工程,建设单位必须在开工前向建设行政主管部门或其授权的部门申请领取建设工程施工许可证,未领取施工许可证的,不得开工。已经开工的,必须立即停止施工,办理施工许可证手续,否则由此引起的经济损失由建设单位承担,并视违法情节,对建设单位做出相应处罚。《建筑法》第7条规定:"建筑工程开工前,建设单位应当按照国家有关规定向工程所在地县级以上人民政府建设行政主管部门申请领取施工许可证;但是,国务院建设行政主管部门确定的限额以下的小型工程除外。"

2.申请建筑工程许可的条件及法律后果

(1)申请建筑工程许可证的条件

《建筑法》第8条规定申请领取施工许可证应具备下列条件:

①已经办理该建筑工程用地批准手续;

②在城市规划区的建筑工程,已经取得规划许可证;

③需要拆迁的,其拆迁进度符合施工要求;

④已经确定建筑施工企业;

⑤有满足施工需要的施工图纸及技术资料;

⑥有保证工程质量和安全的具体措施;

⑦建设资金已经落实;

⑧法律、行政法规规定的其他条件。

(2)领取建设工程许可证的法律后果

①建设单位应当自领取施工许可证之日起三个月内开工,因故不能按期开工的,应当向发证机关申请延期;延期以两次为限,每次不超过三个月,既不开工又不申请延期或者超过延期时限的,施工许可证自行废止。

②在建的建筑工程因故中止施工的,建设单位应当自中止施工之日起一个月内,向发证机关报告,并按照规定做好建筑工程的维护管理工作。

建筑工程恢复施工时,应当向发证机关报告;中止施工满一年的工程恢复施工前,建设单位应当报发证机关核验施工许可证。

③按照国务院有关规定批准开工报告的建筑工程,因故不能按期开工或者中止施工的,应当及时向批准机关报告情况,因故不能按期开工超过六个月的,应当重新办理开工报

告的批准手续。

（二）建筑工程从业者资格

1. 国家对建筑工程从业者实行资格管理

从事建筑工程活动的企业或单位，应当向工商行政管理部门申请设立登记，并由建设行政主管部门审查，颁发资格证书。从事建筑工程活动的人员，要通过国家任职资格考试、考核，由建设行政主管部门注册并颁发资格证书。

2. 国家规范的建设工程从业者

（1）建筑工程从业的经济组织

建筑工程从业的经济组织包括：建设工程总承包企业，建设工程勘察、设计单位，建设工程施工企业，建设工程监理单位，法律、法规规定的其他企业或单位。以上组织应具备下列条件：

①有符合国家规定的注册资本；

②有与其从事的建筑活动相适应的具有法定执业资格的专业技术人员；

③有从事相关建筑活动所应有的技术装备；

④法律、行政法规规定的其他条件。

（2）建筑工程的从业人员

建筑工程的从业人员包括：建筑师，营造师，结构工程师，监理工程师，造价工程师，法律、法规规定的其他人员。

（3）建筑工程从业者资格证件的管理

建筑工程从业者的资格证件，严禁出卖、转让、出借、涂改、伪造。违反上述规定的，将视具体情节，追究法律责任。建筑工程从业者资格的具体管理办法，由国务院及建设行政主管部门另行规定。

三、建筑工程发包与承包

（一）建筑工程发包

1. 建筑工程发包方式

《建筑法》第 19 条规定："建筑工程依法实行招标发包，对不适于招标发包的可以直接发包。"建筑工程的发包方式可采用招标发包和直接发包的方式进行。招标发包是业主对自愿参加某一特定工程项目的承包单位进行审查、评比和选定的过程。依据有关法规，凡政府和公有制企业、事业单位投资的新建、改建、扩建和技术改造工程项目的施工，除某些不适宜招标的特殊工程外，均应实行招投标。目前，国内外通常采用的招投标方式主要是公开招标、邀请招标、议标三种形式。

2. 建筑工程公开招标的秩序

《建筑法》第 20 条规定："建筑工程实行公开招标的，发包单位应当依照法定程序和方式发布招标公告，提供载有招标工程的主要技术要求、主要的合同条款、评标的标准和方法以及开标、评标、定标的程序等内容的招标文件。""开标应当在招标文件规定的时间、地点公开进行。开标后应当按照招标文件规定的评标标准和程序对标书进行评价、比较，在具备相应资质条件的投标者中，择优选定中标者。"

《建筑法》第 21 条规定："建筑工程招标的开标、评标、定标由建设单位依法组织实施，并接受有关行政主管部门的监督。"

3.发包单位发包行为的规范

《建筑法》第 17 条规定:"发包单位及其工作人员在建筑工程发包中不得收受贿赂、扣或者索取其他好处。"

《建筑法》第 22 条规定:"建筑工程实行招标发包的,发包单位应当将建筑工程发包给依法中标的承包单位。建筑工程实行直接发包的,发包单位应当将建筑工程发包给具有相应资质条件的承包单位。"

《建筑法》第 25 条规定:"按照合同约定,建筑材料、建筑构配件和设备由工程承包单位采购的,发包单位不得指定承包单位购入用于工程的建筑材料、建筑构配件和设备或者指定生产厂、供应商。"

4.发包活动中政府及其所属部门权力的限制

《建筑法》第 23 条规定:"政府及其所属部门不得滥用行政权力,限定发包单位将招标发包的建筑工程发包给指定的承包单位。"

5.禁止肢解发包

《建筑法》第 24 条规定:"提倡对建筑工程实行总承包,禁止将建筑工程肢解发包。""建筑工程的发包单位可以将建筑工程的勘察、设计、施工、设备采购一并发包给一个工程总承包单位,也可以将建筑工程勘察、设计、施工、设备采购的一项或者多项发包给一个工程总承包单位;但是,不得将应当由一个承包单位完成的建筑工程肢解成若干部分发包给几个承包单位。"

(二)建筑工程承包

1.承包单位的资质管理

《建筑法》第 26 条规定:"承包建筑工程的单位应当持有依法取得的资质证书,并在其资质等级许可的业务范围内承揽工程。""禁止建筑施工企业超越本企业资质等级许可的业务范围或者以任何形式用其他建筑施工企业的名义承揽工程。禁止建筑施工企业以任何形式允许其他单位或者个人使用本企业的资质证书、营业执照,以本企业的名义承揽工程。"

2.联合承包

《建筑法》第 27 条规定:"大型建筑工程或者结构复杂的建筑工程,可以由两个以上的承包单位联合共同承包。共同承包的各方对承包合同的履行承担连带责任。""两个以上不同资质等级的单位实行联合共同承包的,应当按照资质等级低的单位的业务许可范围承揽工程。"

3.禁止建筑工程转包

《建筑法》第 28 条规定:"禁止承包单位将其承包的全部建筑工程转包给他人,禁止承包单位将其承包的全部工程肢解以后以分包的名义分别转包给他人。"

4.建筑工程分包

《建筑法》第 29 条规定:"建筑工程总承包单位可以将承包工程中的部分工程发包给具有相应资质条件的分包单位;但是,除总承包合同中约定的分包外,必须经建设单位认可。施工总承包的建筑工程主体结构的施工必须由总承包单位自行完成等。"

四、建筑工程监理制度

(一)建筑工程监理的概念

建筑工程监理,是指工程监理单位受建设单位的委托对建筑工程进行监理和管理的活动。建筑工程监理制度是我国建设体制改革的一项重大措施,它是适应市场经济的产物。

(二)建筑工程监理的范围

建筑工程监理是一种特殊的中介服务活动,对建筑工程实行强制性监理,对控制建筑工程的投资、保证建设工期、确保建筑工程质量以及开拓国际建筑市场等都具有非常重要的意义。

《工程建设监理规定》中对建筑工程师强制性监理的范围做出了明确规定,主要如下:

(1)大、中型工程项目;

(2)市政、公用工程项目;

(3)政府投资兴建和开发建设的办公楼、社会发展事业项目和住宅工程项目;

(4)外资、中外合资、国外贷款、赠款、捐款建设的工程。

(三)监理单位的责任

(1)工程监理单位不按照委托监理合同的约定履行监理义务,对应当监督检查的项目不检查或不按规定检查,给建设单位造成损失的,应当承担相应的赔偿责任;

(2)工程监理单位与承包单位串通,为承包单位谋取非法利益,给建设单位造成损失的,应与承包单位承担连带赔偿责任。

五、建筑工程质量与安全生产制度

(一)建筑工程质量的概念

建筑工程质量是指在国家现行的有关法律、法规、技术标准、设计文件和合同中,对工程的安全、适用、经济、美观等特性的综合要求,建筑工程质量直接关系到国家的利益和形象,关系到国家财产、集体财产、私有财产和人民的生命安全,因此必须加强对建筑工程质量的法律规范。

《建筑法》第 52 条规定:"建筑工程勘察、设计、施工的质量必须符合国家有关建筑工程安全标准的要求。具体管理办法由国务院规定。有关建筑工程安全的国家标准不能适应确保建筑安全要求时,应当及时修订。"第 53 条规定:"国家对从事建筑活动的单位推行质量体系认证制度,从事建筑活动的单位根据自愿原则可以向国务院产品质量监督管理部门或者国务院产品质量监督管理部门授权的部门、认可的认证机构申请质量体系认证。经认证合格的,由认证机构颁发质量体系认证证书。"第 54 条规定:"建设单位不得以任何理由或者建筑施工企业在工程设计或者施工作业中,违反法律、行政法规和建筑工程质量、安全标准、行政法规和建筑工程质量、安全标准,降低工程质量。建筑设计单位和建筑施工企业对建设单位违反前款规定提出的降低工程质量的要求,应当予以拒绝。"对建设工程质量做出了较全面而具体的规范。

《建筑法》等相关法律、法规与规章的颁发,不仅为建筑工程质量的管理监督提供了依据,而且也对维护建筑市场秩序,提高人们的质量意识,增强用户的自我保护观念,发挥了积极的作用。建筑工程勘察、设计、施工、验收必须遵守有关工程建设技术标准的要求。国家鼓励推行科学的质量管理方法,采用先进的科学技术,鼓励企业健全质量保证体系,积极采用优于国家标准、行业标准的企业标准建造优质工程。

（二）建设工程质量政府监督

国家实行建设工程质量政府监督制度。建设工程质量政府监督由建设行政主管部门或国务院工业、交通等行政主管部门授权的质量监督机构实施。国家对从事建设工程的勘察、设计、施工企业推行质量体系认证制度。企业质量体系认证的实施管理，依照有关法律、行政法规的规定执行。

1. 国家住房与城乡建设部质量监督管理工作主要职责

（1）贯彻国家有关建设工程质量的方针、政策和法律、法规，制定建设工程质量监督、检测工作的有关规定和办法；

（2）负责全国建设工程质量监督和检测工作的规划及管理；

（3）掌握全国建设工程质量动态，组织交流质量监督工作经验；

（4）负责协调解决跨地区、跨部门重大工程质量问题的争端。

2. 省、自治区、直辖市住建部门和国务院工业、交通各部门对质量监督管理工作主要职责

（1）贯彻国家有关建设工程质量的方针、政策和法律、法规及有关规定与办法，制定本地区、本部门建设工程质量监督、检测工作的实施细则；

（2）负责本地区、本部门建设工程质量监督、检测工作的规划及管理；审查工程质量监督机构的资质，考核监督人员的业务水平，核发监督员证书；

（3）掌握本地区、本部门建设工程质量动态，组织交流工作经验，组织对监督人员培训；

（4）组织协调和监督处理本地区、本部门重大工程质量问题争端。

省、自治区、直辖市住建部门和国务院工业、交通各部门根据实际情况需要可设置从事管理工作的工程质量监督总站，履行上述职责。

3. 市、县建设工程质量监督站和国务院工业、交通部门所设的专业建设工程质量监督站主要职责

（1）核查受监工程的勘察、设计、施工单位和建筑构件厂的资质等级和营业范围；

（2）监督勘察、设计、施工单位和建筑构配件厂严格执行技术标准，检查其工程（产品）质量；

（3）核验工程的质量等级和建筑构配件质量，参与评定本地区、本部门的优质工程；

（4）参与重大工程质量事故的处理；

（5）总结质量监督工作经验，掌握工程质量状况，定期向主管部门报告。

（三）建设工程施工单位质量责任

1. 施工单位的质量责任和义务

（1）施工单位应当对本单位施工的工程质量负责。

（2）施工单位必须按资质等级承担相应的工程任务，不得擅自超越资质等级及业务范围承包工程；必须依据勘察设计文件和技术标准精心施工；应当接受工程质量监督机构的监督检查。

（3）实行总包的工程，总包单位对工程质量和竣工交付使用的保修工作负责；实行分包的工程，分包单位要对其分包的工程质量和竣工交付使用的保修工作负责。

（4）施工单位应建立健全质量保证体系，落实质量责任制，加强施工现场的质量管理，加强计量、检测等基础工作，抓好职工培训。提高企业技术素质，广泛采用新技术和适用

技术。

（5）竣工交付使用的工程必须符合下列基本要求：

①完成工程设计和合同中规定的各项工作内容，达到国家规定的竣工条件；

②工程质量应符合国家现行有关法律、法规、技术标准、设计文件及合同规定的要求，并经质量监督机构核定为合格或优良；

③工程所用的设备和主要建筑材料、构件应具有产品质量出厂检验合格证明和技术标准规定必要的进场试验报告；

④具有完整的工程技术档案和竣工图，已办理工程竣工交付使用的有关手续；

⑤已签署工程保修证书；

⑥竣工交付使用的工程实行保修，并提供有关使用、保养、维护的说明。

2. 返修和损害赔偿

（1）保修期限。《建筑法》第 62 条规定："建筑工程的保修范围应当包括地基基础工程、主体结构工程、屋面防水工程和其他土建工程，以及电气管线、上下水管线的安装工程，供热、供冷系统工程等项目保修的期限应当按照保证建筑物合理寿命年限内正常使用，维护使用者合法权益的原则确定。具体的保修范围和最低保修期限由国务院规定。"

保修期限按如下规定：

①民用与公共建筑、一般工业建筑、构筑物的土建工程为一年，其中屋面防水工程为 3～5 年；

②建筑物的电气管线、上下水管线安装工程为六个月；

③建筑物的供热及供冷为一个采暖期及供冷期；

④室外的上下水和小区道路等市政公用工程为一年；

⑤其他建设工程，其保修期限由建设单位和施工单位在合同中规定，一般不得少于一年。

（2）返修。依据《建设工程质量管理办法》的规定：建设工程自办理竣工验收手续后，在法律规定的期限内，因勘察设计、施工、材料等原因造成的质量缺陷（质量缺陷是指工程不符合国家或行业现行的有关技术标准、设计文件以及合同中对质量的要求），应当由施工单位负责维修。施工单位对工程负责维修，其维修的经济责任由责任方承担。

①施工单位未按国家有关规定、标准和设计要求施工，造成的质量缺陷，由施工单位负责返修并承担经济责任。

②由于设计方面的原因造成的质量缺陷，由设计单位承担经济责任。由施工单位负责维修，其费用按有关规定通过建设单位索赔，不足部分由建设单位负责。

③因建筑材料、构配件和设备质量不合格引起的质量缺陷，属于施工单位采购的或经其验收同意的，由施工单位承担经济责任；属于建设单位采购的，由建设单位承担经济责任。

④因使用单位使用不当造成的质量缺陷，由使用单位自行负责。

⑤因地震、洪水、台风等不可抗力造成的质量问题，施工单位、设计单位不承担经济责任。施工单位自接到保修通知书之日起，必须在两周内到达现场与建设单位共同明确责任方，商议返修内容。属施工单位的，如施工单位未能按期到达现场，建设单位应再次通知施工单位；施工单位自接到再次通知起的一周内仍不能到达时，建设单位有权自行返修，所发生的费用由原施工单位承担。不属施工单位责任，建设单位应与施工单位联系，商议维修

的具体期限。

（3）损害赔偿。因建设工程质量缺陷造成人身、缺陷工程以外的其他财产损害的,侵害人应按有关规定,给予受害人赔偿。因建设工程质量存在缺陷造成损害要求赔偿的诉讼时效期限为一年,自当事人知道或应当知道其权益受到损害时起计算。因建设工程质量责任发生民事纠纷,当事人可以通过协商或调解解决。当事人不愿通过协商、调解解决或者协商、调解不成的,可以根据当事人双方的协议,向仲裁机构申请仲裁;当事人双方没有达成仲裁协议的,可以向人民法院起诉。

（四）建筑安全生产管理的概念和内容

1. 建筑安全生产管理的概念

建筑安全生产管理是指建设行政主管部门、建筑安全监督管理机构、建筑施工企业及有关单位对建筑生产过程中的安全工作,进行计划、组织、指挥、控制、监督等一系列的管理活动。其目的在于保证建筑工程安全和建筑职工的人身安全。

2. 建筑安全生产管理的内容

建筑安全生产管理包括纵向、横向、施工现场三个方面的管理。

（1）纵向管理。纵向管理是指建设行政主管部门及其授权的建筑安全监督管理机构对建筑安全生产的行业监督管理。

（2）横向管理。横向管理是指建筑生产有关各方和建筑单位、设计单位、建筑施工企业等的安全责任和义务。

（3）施工现场管理。施工现场管理是指在施工现场控制人的不安全行为和物的不安全状态。施工现场管理是建筑安全生产管理的关键。

（五）建筑安全生产管理方针和基本制度

建筑工程安全生产管理必须坚持安全第一、预防为主的方针,建立健全安全生产的责任制度和群防群治制度。

（六）建筑安全生产的基本要求

1. 建筑工程设计要保证工程的安全性

建筑工程设计应当符合按照国家规定制定的建筑安全规程和技术规范保证工程的安全性能。

2. 建筑施工企业要采取安全防范措施

建筑施工企业在编制施工组织设计时,应当根据建筑工程的特点制定相应的安全技术措施;对专业性较强的工程项目,应当编制专项安全施工组织设计,并采取安全技术措施。

建筑施工企业应当在施工现场采取维护安全、防范危险、预防火灾等措施;有条件的,应当对施工现场实行封闭管理。施工现场对毗邻的建筑物、构筑物和特殊作业环境可能造成损害的,建筑施工企业应当采取安全防护措施。

建设单位应当向建筑施工企业提供与施工现场相关的地下管线资料。建筑施工企业应当采取措施加以保护。

建筑施工企业应当遵守有关环境保护和安全生产方面的法律、法规的规定,采取控制和处理施工现场的各种粉尘、废气、废水、固体废物以及噪声、振动对环境的污染和危害的措施。

建筑施工企业必须依法加强对建筑安全生产的管理。执行安全生产责任制度,采取有效措施,防止伤亡和其他安全生产事故的发生。建筑施工企业的法定代表人对本企业的安全生产负责。

施工现场安全由建筑施工企业负责。实行施工总承包的,由总承包单位负责。分包单位向总承包单位负责,服从总承包单位对施工现场的安全生产管理。

施工企业应当建立健全劳动安全生产教育培训制度。加强对职工安全生产的教育培训。未经安全生产教育培训的人员,不得上岗作业。

建筑施工企业和作业人员在施工过程中,应当遵守有关安全生产的法律、法规和建筑行业安全规章、规程,不得违章指挥或者违章作业,作业人员有权对影响人身健康的作业程序和作业条件提出改进意见,有权获得安全生产所需的防护用品。作业人员对危及生产安全和人身健康行为有权提出批评、检举和控告。

建筑施工企业必须为从事危险作业的职工办理意外伤害保险,支付保险费。

(七)建筑施工事故报告制度

施工中发生事故时,建筑施工企业应当采取紧急措施减少人员伤亡和事故损失并按照国家有关规定及时向有关部门报告。

施工中发生事故后,建筑施工企业应采取紧急措施,抢救伤亡人员、排除险情,尽量制止事故蔓延扩大,减少人员伤亡和事故损失。同时将施工事故发生的情况以最快速度逐级向上汇报。

建立建筑施工事故报告制度十分必要:一是可以得到有关部门的指导和配合,防止事故扩大,减少人员伤亡和财产的更大损失;二是可以及时对事故进行调查处理,总结经验,吸取教训,加强管理,保证安全生产。

第二节　民事诉讼法

一、民事诉讼法

(一)民事诉讼的概念

民事诉讼是指人民法院和一切诉讼参与人,在审理民事案件过程中所进行的各种诉讼活动,以及由此产生的各种诉讼关系的总和。诉讼参与人,包括原告、被告、第三人、证人、鉴定人、勘验人等。

(二)民事诉讼法的概念

民事诉讼法就是规定人民法院和一切诉讼参与人,在审理民事案件过程中所进行的各种诉讼活动,以及由此产生的各种诉讼关系的法律规范的总和。它的适用范围包括:

(1)地域效力。即在中国领域内,包括我国的领土、领水和领空,以及领土的延伸范围内进行民事诉讼活动,均应遵从本法。

(2)对人的效力。包括中国公民、法人和其他组织;居住在中国领域内的外国人、无国籍人,以及外国企业和组织;申请在我国进行民事诉讼的外国人、无国籍人以及外国企业和组织。

二、民事诉讼法特有的原则

当事人诉讼权利平等原则、调解原则、辩论原则、处分原则、人民检察院对民事审判活动实行法律监督、支持起诉原则。

三、民事诉讼的受案范围

民事诉讼的受案范围主要有：

（1）民法、婚姻法、继承法等民事实体法调整的财产关系和人身关系发生纠纷的案件。

（2）经济法调整的财产关系与发生纠纷的案件，广义上也属于民事案件，也适用《民事诉讼法》的程序。

（3）劳动法调整的劳动关系所产生的，并且依照劳动法的规定，由人民法院依照民事诉讼法规定的程序审理的案件。

四、起诉与答辩

（一）起诉

1. 起诉的概念

起诉是指原告向人民法院提起诉讼，请求司法保护的诉讼行为。

2. 起诉的方式

以书面形式为主，特殊情况下也可采用口头形式。

（二）答辩

人民法院对原告的起诉情况进行审查后，认为符合条件的，即立案，并于立案之日起5日内将起诉状副本发送到被告，被告在收到之日起15日内提出答辩状，被告不提出答辩状的，不影响人民法院的审理。

1. 答辩的概念

答辩是针对原告的起诉状而对其予以承认、辩驳、拒绝的诉讼行为。

2. 答辩的形式

以书面形式为主，特殊情况下也可采用口头形式。

3. 答辩的内容

针对原告、上诉人诉状中的主张和理由进行辩解，并阐明自己对案件的主张和理由。即揭示对方当事人法律行为的错误之处，对方诉状中陈述的事实和依据中的不实之处，提供相反的事实和证据说明自己法律行为的合法性；列举有关法律规定，论证自己主张的正确性，以便请求人民法院予以司法保护。

五、管辖

（一）管辖的概念

管辖是指司法机关在直接受理案件方面和在审判第一审案件方面的职权分工。

（二）级别管辖

级别管辖是指各级人民法院在审判第一审案件上的职责分工。

（三）专属管辖

1. 专属管辖的概念

专属管辖是指法律规定的某些案件必须由特定的法院管辖，其他法院无权管辖，当事人也不得协议变更专属管辖。

2. 专属管辖的情形

（1）现役军人和军内在编职工的刑事案件由军事法院管辖，发生在铁路运输系统中的刑事案件,由铁路运输法院管辖。

(2)与铁路运输有关的合同纠纷和授权纠纷,由铁路运输法院管辖。因水上运输合同纠纷和海事损害纠纷提起的诉讼,我国有管辖权的,由海事法院管辖。

(3)法律规定的其他专属管辖还有:①因不动产纠纷提起的诉讼,由不动产纠纷所在地法院管辖;②因港口作业中发生纠纷提起的诉讼,由港口所在地法院管辖。

(四)管辖中特殊情况的处理

1.共同管辖

共同管辖是指两个以上法院都有管辖权的管辖,此时,由最先立案的法院管辖。

2.指定管辖

指定管辖是指上级法院依照法律规定,指定其辖区内的下级法院对某一具体案件行使管辖权,这主要包括三种情况:

(1)有管辖权的法院因特殊原因不能行使管辖权的:

(2)两个均有管辖权的法院发生争议而协商不成的;

(3)接受移送的法院认为移送的案件依法不属于本院管辖的。

3.移送管辖

(1)案件的移送,是指人民法院受理案件后,发现本院对该案没有管辖权,而将案件移送给有管辖权的法院受理;

(2)管辖区的转移,是指由上级人民法院决定或者同意把案件的管辖权由下级法院转移给上级法院,或者由上级法院转移给下级法院审理。

六、财产保全与先予执行

(一)财产保全

1.财产保全的概念

财产保全,是指人民法院在案件受理前或诉讼过程中对当事人的财产或争议的标的物所采取的一种强制措施。

2.财产保全的种类

(1)诉前财产保全,是指在起诉前人民法院根据利害关系人的申请,对被申请人的有关财产采取的强制措施。采取诉前保全,须符合下列条件:①必须是紧急情况,不立即采取财产保全将会使申请人的合法权益受到难以弥补的损害。②必须由利害关系人向财产所在地的人民法院提出申请,法院不依职权主动采取财产保全措施。③申请人必须提供担保,否则,法院驳回申请。

(2)诉讼财产保全,是指人民法院在诉讼过程中,为保证将来生效判决的顺利执行,对当事人的财产或争议的标的物采取的强制措施。采取诉讼财产保全应符合下列条件:①案件须具有给付内容的;②必须是由当事人一方的行为(如出卖、转移、隐匿标的物的行为)或其他行为,使判决不能执行或难以执行;③须在诉讼过程中提出申请。必要时,法院可依职权做出;④申请人提供担保。

3.财产保全的对象及范围

财产保全的对象及范围,仅限于请求的范围或与本案有关的财物,而不能对当事人的人身采取措施。限于请求的范围,是指保全财产的价值与诉讼请求的数额基本相同。与本案有关的财物,是指本案的标的物或与本案标的物有关联的其他财物。

4.财产保全的措施

财产保全的措施有查封、扣押、冻结或法律规定的其他方法。法院规定的其他方法,按最高人民法院的有关司法解释,应当包括:对债务人到期应得的收益,可以采取财产保全措施,限制其支取,通知有关单位协助执行。债务人的财产不能满足保全请求,但对第三人有到期债权的,人民法院可以依债权人的申请裁定该第三人不得对本债务人清偿;该第三人要求偿付的,由法院提存财物或价款。

5.财产保全裁定的效力

财产保全无论是诉讼前的还是诉讼财产保全,都应做出书出裁定,财产保全裁定具有如下效力:

(1)时间效力。裁定送达当事人立即发挥效力,当事人必须按照裁定的内容执行,当事人对裁定内容不服的,可以申请复议一次,但复议期间,不停止财产保全裁定的执行。做出生效判决前,执行完毕就失去效力。诉前财产保全裁定,利害关系人在法定时间(15日内)不起诉,人民法院决定撤销保全时,财产保全裁定即失去效力。

(2)对当事人和利害关系人的拘束力。当事人和利害关系人在接到人民法院的财产保全裁定后,就必须依照裁定的内容执行,并根据民事诉讼法决定,提供担保,利害关系人申请人在法定期间内提起诉讼。

(3)对有关单位和个人的拘束力。财产保全裁定虽不是终审裁定,但法律效力与终审裁定一样,对有关单位和个人都有同等的效力。有关单位或个人在接到财产保全裁定的协助执行通知书后,必须及时按裁定中指定的保全措施协助执行。

(4)对人民法院的效力。人民法院做出财产保全裁定后即开始执行。执行后,诉前财产保全裁定执行后,申请人在法定期间不起诉的,人民法院应当撤销保全,将财产恢复到保全前的状态,保存变卖价款的,交还被申请人;被申请人或被执行人提供担保的,撤销对物品的查封、扣押等措施,解冻银行存款。

(三)先予执行

先予执行是指人民法院对某些民事案件做出判决前,为了解决权利人的生活或生产经营急需,裁定义务人履行一定义务的诉讼措施。如:赡养费、抚养费、劳动报酬、因紧急情况而需要先予执行的案件等。

七、强制措施

(一)强制措施的概念

强制措施是对妨害民事诉讼的强制措施的简称,它是指人民法院在民事诉讼中,对有妨害民事诉讼行为的人采用的一种强制措施。

(二)强制措施的种类

1.拘传

拘传是对法律规定必须到庭听审的被告人,所采取的一种特别的传讯方法,其目的在于强制被告人到庭参加诉讼。

2.训诫

训诫是指人民法院对妨碍民事诉讼行为较为轻微的人,以国家名义对其进行公开的谴责。这种强制方式主要以批评、警告为形式.指出当事人违法的事实和错误,教育其不得再做出妨碍民事诉讼的行为。

3. 责令退出法庭

责令退出法庭是指人民法院对违反法庭规则,妨碍民事诉讼但情节较轻的人,责令他们退出法庭,反思自己的错误。

4. 罚款

罚款是指人民法院对于妨害民事诉讼的人,在一定条件下,强令其按照法律规定,限期缴纳一定数额的罚款。罚款的数额因个人和法人、非法人单位不同而不同。对个人的罚款金额为人民币 1 000 元以下,对法人、非法人单位的罚款金额为人民币 1 000 元以上 30 000元以下。

5. 拘留

拘留是人民法院为了制止严重妨碍和扰乱民事诉讼程序的人继续进行违法活动,在紧急情况下,限制其人身自由的一种强制性手段,期限为 15 天以下。拘留和罚款可并用。

八、民事诉讼的主要程序

(一)普通程序

1. 普通程序的概念

普通程序是指人民法院审理第一审民事案件通常适用的程序。普通程序是第一审程序中最基本的程序,是整个民事审判程序的基础。

2. 起诉与受理

3. 审理前的准备

(1)向当事人发送起诉状、答辩状副本。人民法院应于立案后 5 日内将起诉状副本发送被告,被告在收到起诉状副本之日起 15 日内提出答辩,人民法院应于收到答辩状之日起5 日内将答辩状副本发送原告。

(2)告知当事人的诉讼权利和义务。当事人享有的诉讼权利有:委托诉讼代理人,申请回避,收集提出证据,进行辩论,请求调解。提起上诉,申请执行。当事人可以查阅本案的有关资料,并可以复制本案的有关资料和法律文书。双方当事人可以自行和解。原告可以放弃或变更诉讼请求,被告人可以承认或反驳诉讼请求,有权提起反诉等。当事人应承担的诉讼义务有:当事人必须依法行使诉讼权利,遵守诉讼程序,履行发生法律效力的判决裁定和调解协议。

(3)审阅诉讼材料,调查搜集证据。人民法院受案后,应由承办人员认真审阅诉讼材料,进一步了解案情。同时受诉人民法院既可以派人直接调查搜集证据,也可以委托外地人民法院调查,两者具有同等的效力。当然,进行调查研究,搜集证据工作,应以直接调查为原则,委托调查为补充。

(4)更换和追加当事人。人民法院受案后,如发现起诉人或应诉人不合格,应将不合格的当事人更换成合格的当事人。在审理前的准备阶段,人民法院如发现必须共同进行诉讼的当事人没有参加诉讼,应通知其参加诉讼。当事人也可以向人民法院申请追加。

4. 开庭审理

开庭审理是指人民法院在当事人和其他诉讼参与人参加下,对案件进行实体审理的诉讼活动过程。主要有以下几个步骤:

(1)准备开庭。即由书记员查明当事人和其他诉讼参与人是否到庭,宣布法庭纪律,由审判长核对当事人,宣布开庭并公布法庭组成人员。

（2）法庭调查阶段。其顺序为：①当事人陈述；②证人出庭作证；③出示书证、物证和视听资料；④宣读鉴定结论；⑤宣读勘验笔录，在法庭调查阶段，当事人可以在法庭上提出新的证据，也可以要求法庭重新调查证据。如审判员认为案情已经查清，即可终结法庭调查，转入法庭辩论阶段。

（3）法庭辩论。其顺序为：①原告及其诉讼代理人发言；②被告及其诉讼代理人答辩；③第三人及其诉讼代理人发言或答辩；④相互辩论。法庭辩论终结后，由审判长按原告、被告、第三人的先后顺序征得各方面最后意见。

（4）法庭调解。法庭辩论终结后，应依法做出判决。但判决前能够调解的，还可进行调解。

（5）合议庭评议。法庭辩论结束后，调解又没达成协议的，合议庭成员退庭进行评议。评议是秘密进行的。

（6）宣判。合议庭评议完毕后应制作判决书，宣告判决公开进行。宣告判决时，须告知当事人上诉的权利、上诉期限和上诉法庭。

人民法院适用普通程序审理的案件，应在立案之日起6个月内审结，有特殊情况需延长的，由本院院长批准，可延长6个月；还需要延长的，报请上级人民法院批准。

（二）第二审程序

第二审程序又叫终审程序，是指民事诉讼当事人不服地方各级人民法院未生效的第一审裁判，在法定期限内向上级人民法院提起上诉，上一级人民法院对案件进行审理所适用的程序。

（三）审判监督程序

审判监督程序即再审程序，是指由有审判监督权的法定机关和人员提起，或由当事人申请，由人民法院对发生法律效力的判决、裁定、调解书再次审理的程序。

（四）执行程序

执行程序是指保证具有执行效力的法律文书得以实施的程序。

第三节　担　保　法

一、担保与担保法

（一）担保的概念

担保是指合同的双方当事人为了使合同能够得到全面按约履行，根据法律、行政法规的规定，经双方协商一致而采取的一种具有法律效力的保证措施。

（二）担保法

担保法是指调整债务人、担保人与债权人之间所发生的民商事关系的法律规范的总称。1995年6月30日第八届全国人民代表大会常务委员会第十四次会议通过的，并于1995年10月1日起施行的《中华人民共和国担保法》是规范担保活动的专门法律。该法共7章96条，明确了担保的基本方式。

我国《担保法》规定的担保方式有五种，即保证、抵押、质押、留置和定金。

二、保证

(一)保证的概念

保证是指保证人和债权人约定,当债务人不履行债务时,保证人按照约定履行债务或承担责任的行为。

保证具有以下法律特征:

(1)保证属于人的担保范畴,它不是用特定的财产提供担保,而是以保证人的信用和不特定的财产为他人债务提供担保。

(2)保证人必须是主合同以外的第三人,保证必须是债权人和债务人以外的第三人为他人债务所作的担保,债务人不得为自己的债务作保证。

(3)保证人应当具有代为清偿债务的能力,保证是保证人以其信用和不特定的财产来担保债务履行的,因此,设定保证关系时,保证人必须具有足以承担保证责任的财产。具有代为清偿能力是保证人应当具备的条件。

(4)保证人和债权人可以在保证合同中约定保证方式,享有法律规定的权利,承担法律规定的义务。

(二)保证人

保证人须是具有代为清偿债务能力的人,既可以是法人,也可以是其他组织或公民。下列人不可以作保证人:

(1)国家机关不得作保证人,但经国务院批准为使用外国政府或国际经济组织贷款而进行的转贷除外;

(2)学校、幼儿园、医院等以公益为目的的事业单位、社会团体不得作保证人;

(3)企业法人的分支机构、职能部门不得作保证人,但有法人书面授权的,可在授权范围内提供保证。

(三)保证合同

保证人与债权人应当以书面形式订立保证合同。保证合同应包括以下内容:

(1)被保证的主债权种类、数量;

(2)债务人履行债务的期限;

(3)保证的方式;

(4)保证担保的范围;

(5)保证的期间;

(6)双方认为需要约定的其他事项。

(四)保证方式

保证的方式有两种:一是一般保证,一是连带保证。保证方式没有约定或约定不明确的,按连带保证承担保证责任。

1. 一般保证

一般保证是指当事人在保证合同中约定,当债务人不履行债务时,由保证人承担保证责任的保证方式。一般保证的保证人在主合同纠纷未经审判或仲裁、并就债务人财产依法强制执行仍不能履行债务前,对债务人可以拒绝承担保证责任。

2. 连带保证

连带保证是指当事人在保证合同中约定保证人与债务人对债务承担连带责任的保证

方式。连带责任保证的债务人在主合同规定的债务履行期届满没有履行债务的,债权人可以要求债务人履行债务,也可以要求保证人在其保证范围内承担保证责任。

（五）保证范围及保证期间

1. 保证范围

保证范围包括主债权及利息、违约金、损害赔偿金和实现债权的费用。保证合同另行约定的,按照约定。当事人对保证范围无约定或约定不明确的,保证人应对全部债务承担责任。

2. 保证期间

一般保证的担保人与债权人未约定保证期间的,保证期间为主债务履行期间届满之日起六个月。债权人未在合同约定的和法律规定的保证期间内主张权利(仲裁或诉讼),保证人免除保证责任;如债权人已主张权利的,保证期间适用于诉讼时效中断的规定。连带责任保证人与债权人未约定保证期间的,债权人有权自主债务履行期满之日起六个月内要求保证人承担保证责任。在合同约定或法律规定的保证期间内,债权人未要求保证人承担保证责任的,保证人免除保证责任。

三、抵押

1. 抵押的概念

抵押是指债务人或第三人不转移对抵押财产的占有,将该财产作为债权的担保。当债务人不履行债务时,债权人有权依法以该财产折价或以拍卖、变卖该财产的价款优先受偿。

抵押具有以下法律特征:

（1）抵押权是一种他物权,抵押权是对他人所有物具有取得利益的权利,当债务人不履行债务时,债权人(抵押权人)有权依照法律以抵押物折价或者从变卖抵押物的价款中得到清偿;

（2）抵押权是一种从物权,抵押权将随着债权的发生而发生,随着债权的消灭而消灭;

（3）抵押权是一种对抵押物的优先受偿权,在以抵押物的折价受偿债务时,抵押权人的受偿权优先于其他债权人;

（4）抵押权具有追及力,当抵押人将抵押物擅自转让他人时,抵押权人可追及抵押物而行使权利。

2. 可以抵押的财产

根据《担保法》第34条的规定,下列财产可以抵押:

（1）抵押人所有的房屋和其他地上定着物;

（2）抵押人所有的机器、交通运输工具和其他财产;

（3）抵押人依法有权处分的国有土地使用权、房屋和其他地上定着物;

（4）抵押人依法有权处分的机器、交通运输工具和其他财产;

（5）抵押人依法承包并经发包方同意抵押的荒山、荒沟、荒滩等荒地土地所有权;

（6）依法可以抵押的其他财产。

3. 禁止抵押的财产

《担保法》第37条规定,下列财产不得抵押:

（1）土地所有权;

（2）耕地、宅基地、自留地、自留山等集体所有的土地使用权;但第34条第五款的乡村企业厂房等建筑物抵押的除外;

（3）学校、幼儿园、医院等以公益为目的的事业单位、社会团体的教育设施、医疗设施和其他社会公益设施；

　　(4)所有权、使用权不明确或有争议的财产；

　　(5)依法被查封、扣押、监管的财产；

　　(6)依法不得抵押的其他财产。

以抵押作为履行合同的担保，还应依据有关法律、法规签订抵押合同并办理抵押登记。

4. 抵押合同

采用抵押方式担保时，抵押人和抵押权人应以书面形式订立抵押合同，法律规定应当办理抵押物登记的，抵押合同自登记之日起生效。抵押合同应包括如下内容：

　　(1)被担保的主债权种类、数额；

　　(2)债务人履行债务的期限；

　　(3)抵押物的名称、数量、质量、状况、所在地、所有权权属或者使用权权属；

　　(4)抵押担保的范围；

　　(5)当事人认为需要约定的其他事项。

四、质押

(一)质押的概念

质押是指债务人或第三人将其动产或权利移交债权人手中占有，用以担保债权的履行，当债务人不能履行债务时，债权人依法有权就该动产或权利优先得到清偿的担保。

(二)质押的种类

质押包括动产质押和权利质押两类。

1. 动产质押

动产质押是指债务人或第三人将其动产移交债权人占有，将该动产作为债权的担保。债务人不履行债务时，债权人有权依照法律规定以该动产折价或以拍卖、变卖该动产的价款优先受偿。

2. 权利质押

权利质押是指出质人将其法定的可以质押的权利凭证交付质权人，以担保质权人的债权得以实现的法律行为。

五、留置

(一)留置的概念

留置是指债权人按照合同约定占有债务人的动产，债务人不按合同约定的期限履行债务的，债权人有权依法留置该财产，以该财产折价或以拍卖、变卖该财产的价格优先受偿。

留置具有如下法律特征：

　　(1)留置权是一种从权利；

　　(2)留置权属于他物权；

　　(3)留置权是一种法定担保方式，他根据法律规定而发生，而非以当事人之间的协议而成立。

(二)留置的范围

留置的担保范围主要包括：主债权及利息、违约金、损害赔偿金、留置物保管费用和实现留置权的费用。

（三）留置的期限

留置的期限是指债权人与债务人应在合同中约定债权人留置财产后,债权人应在不少于两个月的期限内履行债务。债权人与债务人在合同中未约定的,债权人留置债务人财产后,应当确定两个月以上的期限,通知债务人在该期限内履行债务。

（四）明确违约责任

留置合同中,应当明确留置权人对留置物的保管义务,由此而产生的损害责任由留置权人承担,当事人可自主约定责任的承担方式,如赔偿款项、原物返还等。债务人逾期不履行主合同债务的,留置权人可根据相关法律及合同约定处置留置物,如留置物折价,拍卖、变卖留置物。

综上,留置担保合同作为从合同,其主要作用就是督促债务人履行主债务。我们要注意对主合同履行期限和留置担保合同生效期限的明确。

六、定金

（一）定金的概念

定金是指合同当事人一方为了证明合同成立及担保合同的履行在合同中约定应给付对方一定数额的货币。合同履行后,定金或收回或抵作价款。给付定金的一方不履行合同,无权要求返还定金;收受定金的一方不履行合同的,应双倍返还定金。

（二）定金合同

定金应以书面形式约定。当事人在定金合同中应该约定交付定金的期限及数额。定金合同数额最高不得超过主合同标的额的20%。

第四节　保　险　法

一、保险的概念

保险是一种受法律保护的分散危险、消化损失的经济制度。

危险的存在是保险得以存在的前提条件,危险可分为财产险、人身危险、法律责任危险三种。

保险具有如下特征:

（1）必须有危险存在;

（2）被保险人对于保险标的需有某种能以金钱估量的并为法律和公序良俗所认可的经济利益;

（3）保险必须有多人参加,建立保险基金;

（4）保险人需对危险所造成的损失给予经济补偿;

（5）保险法律关系是通过保险合同建立的,保险合同具有法律约束力。

二、保险法的内容

保险法是指调整保险关系的法律规范。《中华人民共和国保险法》是调整保险活动中保险人与投保人、被保险人以及受益人之间法律关系的专门法律。该法共8章152条。其主要内容包括:总则、保险合同、保险公司、保险经营规则、保险业的监督管理、保险代理人和保险经纪人、法律责任、附则。

三、保险合同

(一)保险合同的概念及特征

保险合同是投保人与保险人约定保险权利义务关系的协议。保险合同具有下列特征:

1. 保险合同是保障性合同

保险是分散危险、消化损失的较理想的经济补偿手段。签订保险合同的目的,对投保人来说是希望在发生自然灾害或意外事件造成其经济损失时,由保险人给予其生产或生活上的保障;对保险人来说,则是通过收取保费,积累保险基金,保障投保人在遭受自然灾害或意外事故后生产或生活上的安定。

2. 保险合同是双务有偿合同

保险合同以投保人交付保险费为生效要件。投保人交付保险费和保险人承担的危险责任只形成一种对价关系而非等价关系,实际上危险事故可能发生,也可能不发生,发生后所造成的损害赔偿金额可能大于保险费额,也可能小于保险费额。即投保人给付保险费的义务是固定的,保险人赔偿或者给付保险金的义务则是不确定的,投保人给付保险费只是获得了一个得到保险金的机会。可见这种双务有偿合同具有一定的特殊性。

(二)保险合同的订立

1. 保险合同的形式

保险合同是由保险双方当事人在平等的基础上,自愿订立的,所以当事人可以协商确定合同的内容。但是,随着保险业务的国际化,保险合同在国际范围内也趋向标准化、格式化。标准保险合同一般由投保单、保险单、保险凭证和暂保单等保险单证组成。

(1)投保单。也称要保、投保书,是投保人向保险人申请订立保险合同的书面要约。

(2)保险单。也称保单、保险证券,是保险人与投保人之间订立的保险合同的正式书面文件形式。保险单必须明确完整地记载保险双方的权利和义务。

(3)保险凭证。也称小保单,是一种简化了的保险单。保险凭证上不印保险条款,凡保险凭证上没有列明的内容均以相应险种的保险单内容为准。

(4)暂保单。也称临时保单,是正式保险单或保险凭证签发之前,由保险人或保险代理人签发的临时保险凭证。

2. 保险条款

保险条款是保险合同中规定保险责任范围和保险人、被保险人的权利和义务以及其他有关保险条件的合同条文。不同险种其保险条款也有不同。保险合同基本条款应包括如下内容:

(1)保险人名称和住所;

(2)投保人、被保险人名称和住所,以及人身保险的受益人的名称和住所;

(3)保险标的;

(4)保险责任和责任免除;

(5)保险期间和保险责任开始时间;

(6)保险价值;

(7)保险金额;

(8)保险以及支付办法;

(9)保险金赔偿或者给付办法;

(10)违约责任和争议处理;

(11)订立合同的年、月、日。

四、工程保险

(一)建筑工程一切险

1. 建筑工程一切险的概念

建筑工程一切险承保各类民用、工业和公用事业建筑工程项目,包括道路、水坝、桥梁、港埠等,在建造过程中因自然灾害或意外事故而引起的一切损失。

建筑工程一切险往往还加保第三者责任险,即保险人在承保某建筑工程的同时,还对该工程在保险期限内因发生意外事故造成的依法应由被保险人负责的工地上及邻近地区的第三者的人身伤亡、疾病或财产损失,以及被保险人因此而支付的诉讼费用和事先经保险人书面同意支付的其他费用,负赔偿责任。

2. 被保险人

在工程保险中,保险公司可以在一张保险单上对所有参加该项工程的有关各方都给予所需的保险。即凡在工程进行期间,对这项工程承担一定风险的有关各方,均可作为被保险人。

具体地讲,建筑工程一切险的被保险人包括:

(1)业主;

(2)承包商或分包商;

(3)技术顾问,包括业主雇用的建筑师、工程师及其他专业顾问。

由于被保险人不止一个,而且每个被保险人各有其本身的权益和责任,为了避免有关各方相互之间追偿责任,大部分保险单还加贴共保交叉责任条款。根据这一条款,每一个被保险人如同各自有一张单独的保单,其应负的那部分"责任"发生问题,财产遭受损失,就可以从保险人那里获得相应的赔偿。如果各个被保险人之间发生相互的责任事故,每一个负有责任的被保险人都可以在保单项下得到保障。即这些责任事故造成的损失,都可由保险人负责赔偿,无须根据各自的责任相互进行追偿。

3. 承保的财产

建筑工程一切险可承保的财产为:

(1)合同规定的建筑工程,包括永久工程、临时工程以及在工地的物料;

(2)建筑用机器、工具、设备和临时工房及其屋内存放的物件,均属履行工程合同所需要的,是被保险人所有的或为被保险人所负责的物件;

(3)业主或承包商在工地的原有财产;

(4)安装工程项目;

(5)场地清理费;

(6)工地内的现成建筑物;

(7)业主或承包商在工地上的其他财产。

4. 承保的危险

保险人对以下危险承担赔偿责任:

(1)洪水、潮水、水灾、地震、海啸、暴雨、风暴、雪崩、地崩、山崩、冻灾、冰雹及其他自然灾害;

（2）雷电、火灾、爆炸；

（3）飞机坠毁，飞机部件或物件坠落；

（4）盗窃；

（5）工人、技术人员因缺乏经验、疏忽、过失、恶意行为等造成的事故；

（6）原材料缺陷或工艺不善所引起的事故；

（7）除外责任以外的其他不可预料的自然灾害或意外事故。

5. 除外责任

建筑工程一切险的除外责任为：

（1）被保险人的故意行为引起的损失；

（2）战争、罢工、核污染的损失；

（3）自然磨损；

（4）停工；

（5）错误设计引起的损失、费用或责任；

（6）换置、修理或矫正标的本身原材料缺陷或工艺不善所支付的费用；

（7）非外力引起的机构或电器装置的损坏或建筑用机器、设备、装置失灵；

（8）领有公用运输用执照的车辆、船舶、飞机的损失；

（9）对文件、账簿、票据、现金、有价证券、图表资料的损失。

6. 保险责任的起讫

保险单一般规定：保险责任自投保工程开工日起或自承保项目所用材料卸至工地时起开始。保险责任的终止，则按以下规定办理，以先发生者为准：

（1）保险单规定的保险终止日期；

（2）工程建筑或安装（包括试车、考核）完毕，移交给工程的业主，或签发完工证明时终止（如部分移交，则该移交部分的保险责任即行终止）；

（3）业主开始使用工程时，如部分使用，则该使用部分的保险责任即行终止。

如果加保保证期（缺陷责任期、保修期）的保险责任，即在工程完毕后，工程移交证书已签发，工程已移交给业主之后，对工程质量还有一个保证期，则保险期限可延长至保证期，但需加缴一定的保险费。

7. 制定费率应考虑的因素

由于工程保险的个性很强，每个具体工程的费率往往都不相同，在制定建筑工程一切险费率时应考虑如下因素：

（1）承保责任范围的大小。双方如对承保范围做出特殊约定，则此范围大小对费率会有直接影响。如果承保地震、洪水等灾害，还应考虑以往发生这些灾害的频率及损失大小。

另外，工程保险往往有免赔额及赔偿限额的规定。这是对被保险人自己应负责任的规定。如果免赔额高、赔偿限额低，则意味着被保险人承担的责任大，则保险费率就应相应降低；如果免赔额低、赔偿限额高，则保险费率应相应提高。

（2）承保工程本身的危险程度。承保工程本身的危险程度由以下因素决定：

①施工种类、工程性质；

②施工方法；

③工地和邻近地区的自然地理条件；

④设备类型；

⑤工地现场的管理情况。

（3）承包商的资信情况。包括承包商以往承包工程的情况，以及对工程的经营管理水平、经验等。承包商的资信条件好，则可降低保险费率；反之则应提高保险费率。

（4）保险人承保同类工程的以往损失记录。这也是保险人在制定保险费率时应考虑到的重要因素，以往有较大损失记录的，则保险费率应相应提高。

（5）最大危险责任。保险人应当估计所保工程可能承担的最大危险责任的数额，作为制定费率的参考因素。

（二）安装工程一切险

1. 安装工程一切险的概述

安装工程一切险承保安装各种工厂用的机器、设备、储油罐、钢结构工程、起重机、吊车，以及包含机械工程因素的任何建造工程因自然灾害或意外事故而引起的一切损失。

由于目前机电设备价值日趋高昂，工艺和构造日趋复杂，这种安装工程的风险越来越高。因此，在国际保险市场上，安装工程一切险已发展成为一种保障比较广泛、专业性很强的综合性险种。

安装工程一切险的投保人可以是业主，也可以是承包商或卖方（供货商或制造商）。在合同中，有关利益方，如所有人、承包人、转承包人、供货人、制造人、技术顾问等其他有关方，都可被列为被保险人。

安装工程一切险也可以根据投保人的要求附加第三者责任险。在安装工程建设过程中因发生任何意外事故，造成在工地及邻近地区的第三者人身伤亡、致残或财产损失，依法应由被保险人承担赔偿责任时，保险人将负责赔偿并包括被保险人因此而支付的诉讼费用或事先经保险人同意支付的其他费用。安装工程第三者责任险的最高赔偿限额，应视工程建设过程中可能造成第三者人身或财产损害的最大危险程度确定。

2. 保险期限

安装工程一切险的保险期限，通常应以整个工期为保险期限。一般是从被保险项目被卸至施工地点时起生效到工程预计竣工验收交付使用之日止。如验收完毕先于保险单列明的终止日，则验收完毕时保险期亦即终止。若工期延长，被保险人应及时以书面通知保险人申请延长保险期，并按规定增缴保险费。

安装工程第三者责任保险作为安装工程一切险的附加险，其保险期限应当与安装工程一切险相同。

（三）机器损坏险

1. 机器损坏险概述

机器损坏险主要承保各类工厂、矿山的大型机械设备、机器在运行期间发生损失的风险。这是近几十年在国际上新兴起的一种保险。由于国际工程建设中使用的机器设备趋于大型化，在国际工程建设中也经常投保机器损坏险。

机器损坏险具有以下特点：

（1）用于防损的费用高于用于赔偿的费用。保险人承保机器损坏险后，要定期检查机器的运行，许多国家的立法都有这方面的强制性规定。这往往使得保险人用于检查机器的费用远高于用于赔款的费用。

（2）承保的基本上都是人为的风险损失。机器损坏险承保的风险，如设计制造和安装错误，工人、技术人员操作错误，疏忽、过失、恶意行为等造成的损失，大都是人为的，这些风险往往是普通财产保险不负责承保的。

（3）机器设备均按重置价投保。即在投机器损坏险时按投保时重新换置同一型号、规格、性能的新机器的价格，包括出厂价、运费、可能支付的税款和安装费进行投保。

2. 保险责任范围

被保险机器及其附属设备由于下列原因造成损失，需要修理或重置时，保险人负责进行赔偿：

（1）设计、制造和安装错误，铸造和原材料缺陷。这些错误、缺点和缺陷常常在制造商的保修期满后在操作中发现，而不可能向制造商再提出追偿。

（2）工人、技术人员操作错误，缺乏经验，技术不善，疏忽、过失，恶意行为。

（3）离心力引起的撕裂。它往往会对机器本身或其周围财产造成很严重的损失。

（4）电气短路或其他电气原因。这是指短路、电压过高，绝缘不良、电流放电和产生的应力等原因。

（5）错误的操作，测量设施的失灵、锅炉加水系统有毛病，以及报警设备不良，所造成的由于锅炉饮水而致的损毁。

（6）物理性爆炸。这是与化学性爆炸相对而言的，指内储气、汽和液体物质的容器在内容物没有化学反应的情况下，过高的压力造成容器四壁破裂。

（7）露装机器遭受暴风雨、冻灾、流冰等风险。

（8）保险单规定的除外责任以外的其他事故。

3. 除外责任

机器损坏险的除外责任包括：

（1）其他财产保险所保的危险或责任；

（2）溢堤、洪水、地震、地陷、土崩、水陆空物体的碰击；

（3）自然磨损、氧化、腐蚀、锈蚀等；

（4）战争、武装冲突、民众骚动、罢工等。

4. 防损事项

如上所述，在机器损坏险中，保险人对机器的检查制度是很重要的。保险人在保险期间应定期派合格的、有经验的专家去检查保险机器。由于保险人有各种防损经验，熟悉机器损失原因，所以能够提出可行的防损意见。更为重要的是，保险人应督促被保险人对机器建立完善的管理和保养制度。

复习思考题

判断题（正确的打√，错误的打×）

1. 两个以上不同资质等级的单位实行联合共同承包的，应当按照资质等级高的单位的业务许可范围承揽工程。（　　　）

2. 施工总承包的建筑工程主体结构的施工可以由分包单位完成。（　　　）

3. 民用与公共建筑、一般工业建筑、构筑物的土建工程保修期限为一年。（　　　）

4. 投保人交付保险费和保险人承担的危险责任只形成一种对价关系而非等价关系。（　　　）

5. 对施工条件差的工程（如场地窄小或地处交通要道等），造价低的小型工程，自己施工上有专长的工程以及由于某些原因自己不想干的工程，报价可低一些。（　　　）

第二章　建筑工程市场

[学习重点]　掌握建设工程市场的主体和客体、建设工程市场的资质管理、建设工程交易中心及数字城建有形建筑市场信息化整体解决方案等相关知识。

第一节　概　　述

一、建设工程市场的概念

建设工程市场是以工程承发包交易活动为主要内容的市场,一般称作建设市场或建筑市场。

建设市场有广义的市场和狭义的市场。狭义的市场一般指有形建设市场,有固定的交易场所。广义的市场包括有形市场和无形市场。包括与工程建设有关的技术、租赁、劳务等各种要素市场,为工程建设提供专业服务的中介组织体系,包括靠广告、通信、中介机构或经纪人等媒介沟通买卖双方或通过招投标等多种方式成交的各种交易活动,还包括建筑商品生产过程及流通过程中的经济联系和经济关系。可以说,广义的建设市场是工程建设生产和交易关系的总和。

由于建筑产品具有生产周期长,价值量大,生产过程的不同阶段对承包单位的能力和特点要求不同,决定了建筑市场交易贯穿于建筑产品生产的整个过程。从工程建设的咨询、设计、施工任务的发包开始,到工程竣工、保修期结束为止,发包方与承包方、分包方进行的各种交易(承包商生产)以及相关的商品混凝土供应、构配件生产、建筑机械租赁等活动,都是在建筑市场中进行的。生产活动和交易活动交织在一起,使得建筑市场在许多方面不同于其他产品市场。

经近年来的发展,建筑市场已形成以发包方、承包方和中介服务方组成的市场主体;建筑产品和建筑生产过程为对象组成的市场客体;由招投标为主要交易形式的市场竞争机制;由资质管理为主要内容的市场监督管理体系;以及我国特有的有形建筑市场等构成了建设市场体系(如图 2.1)。

建设市场由于引入了竞争机制,促进了资源优化配置,提高了建筑生产效率,推动了建筑企业的管理和工程质量的进步。建筑业在国民经济中已占相当重要地位,成为我国社会主义市场经济体系中一个非常重要的生产和消费市场。

二、建设市场的发展历程

我国市场经济体制的形成是一个逐步建立、发展和完善的过程。建筑市场的发展也不例外,也正在经历着一个从培育、发展到逐渐完善的过程。

改革开放以前,工程建设任务由行政管理部门分配,建筑产品价格由国家规定,建设市场尚未形成。

1984 年,改革的核心是将工程任务的计划分配改为从市场竞争获取任务,引进竞争机

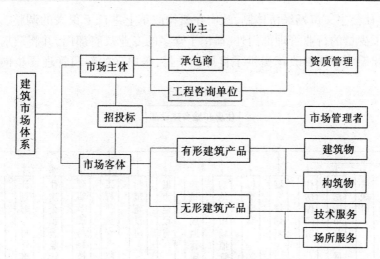

图2.1　建筑市场体系

制,建筑市场初步形成。建设管理方面,各地区开始设立工程质量、招投标、(外地)施工企业管理站,连同计划体制时期的定额管理站,形成改革初期的建设管理模式。

随着城市经济体制改革步入第二阶段。1992年年初,邓小平同志发表了著名的"南巡"谈话。他指出,计划经济不等于社会主义,市场经济不等于资本主义,计划和市场都是经济手段。党的十四大明确提出了把建立社会主义市场经济体制作为经济体制改革的目标。从这一年起,建筑市场进入了一个新的发展时期。

三、建设市场管理体制

世界上不同的国家,由于社会制度、国情的不同,建筑市场的管理体制也各不相同。相反,发达国家虽然都实行市场经济体制,但其管理体制和管理内容也各具特色。例如,美国没有专门的建设主管部门,相应的职能由其他各部设立专门分支和机构解决。管理并不具体针对行业,是为规范市场行为制定的法令,如《公司法》《合同法》《破产法》《反垄断法》等并不限于建设市场管理。日本则有针对性比较强的法律,如《建设业法》《建筑基准法》等,对建筑物安全、审查培训制、从业管理等均有详细规定。政府按照法律规定行使检查监督权。借鉴市场经济国家的做法和经验,对于转变政府职能,由部门管理转向行业管理具有重要的参考价值。

(一)西方政府建设主管部门的组织

英国最高建设主管机构称作"环境、交通和区域部"(Department of the Environment, Transport and the Rigions)。该部的组织分为四层:部领导小组、部理事会、组和组下属的局。部领导小组由国务秘书长和分管不同业务的大臣、国务大臣、议会秘书组成;部理事会代表各执行机构、政府办公室的利益,在政策制定方面发挥着重要的作用;组则由功能相近的局构成。德国建设主管机构称作"联邦土地规划、建设和城市建设部"(Bundesbauminsterium fuer Raumsordnung Bauwesen and Staedtbau)下设综合司、住宅司、土地规划与城市建设司、建筑司和工程部。

(二)我国建设管理体制

我国的建设管理体制是建立在社会主义公有制基础之上的。计划经济时期,各政府部门主要是通过行政手段管理企业。一些基础设施部门则形成所谓的行业垄断。十五大明确提出了建立社会主义市场经济体制,政府在机构改革上进行了很大的调整。随着改革的深入,除保留了少量的行业管理部门外,撤销了众多的专业政府部门,并将政府部门与所属企业脱钩,为建设管理体制改革提供了良好的条件,是原来的部门管理逐步向行业管理转变,如图2.2。

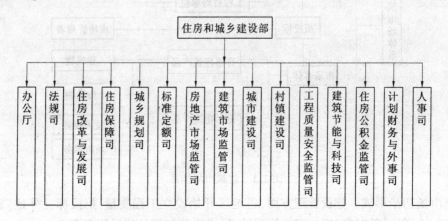

图 2.2　住房和城乡建设部组织结构图

四、政府对建设市场的管理任务

建设项目根据资金来源的不同可分为两类:公共投资项目和私人投资项目。前者是代表公共意愿的政府行为,后者则是个人行为。政府对于这两类项目的管理有很大差别。

对于公共投资项目,政府既是业主,又是管理者。以不损害纳税人利益和保证公务员廉洁为出发点,除了必须遵守一般法律外,通常规定必须公开招投标,并保证项目实施过程的透明。

对于私人投资项目,一般只要求其在实施过程中遵守有关环境保护、规划、安全生产等方面的法律规定,对是否进行招投标不作规定。

不同国家由于体制的差异,建设行政主管部门的设置不同,管理范围和管理内容也各不相同。但综合各国的情况,可以发现一定的共性,大致包括以下几个方面:

(1)制定建筑法律、法规;

(2)制定建筑规范与标准(国外大多由行业协会或专业组织编制);

(3)对承包商、专业人士资质管理;

(4)安全和质量管理(国外主要通过专业人士或机构进行监督检查);

(5)行业资料统计;

(6)公共工程管理;

(7)国际合作和开拓国际市场。

第二节　建筑工程市场的主体和客体

建设工程市场的形成是市场经济的产物。从一般意义去观察,建设市场交易是业主给付建设费,承包商交付工程的过程。实际上,建设市场交易包括很复杂的内容,其交易贯穿于建筑产品生产的全过程。在这个过程中,不仅存在业主和承包商之间的交易,还有承包商与分包商、材料供应商之间的交易,业主还要同设计单位、设备供应单位、咨询单位进行交易,以及与工程建设相关的商品混凝土供应,构配件生产,建筑机械租赁等活动一同构成建设市场生产和交易的总和。参与建筑生产交易过程的各方构成建设工程市场的主体;作为不同阶段的生产成果和交易内容等各种形态的建筑产品、工程设施与设备、构配件以及各种图纸和报告等非物化的劳动构成建设市场的客体。

一、建设市场主体

（一）业主

业主是指既有某项工程建设需求,又具有该项工程建设相应的建设资金和各种准建手续,在建设市场中发包工程建设的勘察、设计、施工任务,并最终得到建筑产品的政府部门、企事业单位和个人。

在我国工程建设中。业主也称之为建设单位,只有在发包工程或组织工程建设时才成为市场主体。因此,业主作为市场主体具有不确定性,对其行为进行约束和规范,只能通过法律和经济的手段实现。

项目法人责任制,又称业主责任制,是我国市场经济体制条件下,根据我国公有制部门占主体的情况,为了建立投资责任约束机制、规范项目法人行为提出的。由项目法人对项目建设全过程负责管理,主要包括进度控制、质量控制、投资控制、合同管理和组织协调。

项目业主的产生,主要有三种方式:

（1）业主即原企业或单位。企业或机关、事业单位投资的新建、扩建、改建工程,则该企业或单位即为项目业主。

（2）业主是联合投资董事会。由不同投资方参股或共同投资的项目,则业主是共同投资方组成的董事会或管理委员会。

（3）业主是各类开发公司。开发公司自行融资或由投资方协商组建或委托开发的工程管理公司也可称为业主。

业主在项目建设过程的主要职能是:

(1)建设项目立项决策;

(2)建设项目的资金筹措与管理;

(3)建设项目的招标与合同管理;

(4)建设项目的施工与质量管理;

(5)建设项目的竣工验收和试运行;

(6)建设项目的统计及文档管理。

（二）承包商

承包商是指拥有一定数量的建筑装备、流动资金、工程技术经济管理人员、取得建设资质证书和营业执照的、能够按照业主的要求提供不同形态的建筑产品并最终得到相应工程价款的施工企业。

按照其能提供的建筑产品,承包商可分为不同的专业,如建筑、水电、铁路、市政工程等专业公司;按照承包方式,也可分为承包商和分包商。相对于业主,承包商作为建设市场主体,是长期和持续存在的。因此,无论是国内还是按国际惯例,对承包商一般都要实行从业资格管理。承包商从事建设生产,一般需具备三个方面的条件:

(1)有符合国家规定的注册资本;

（2）有与其从事的建筑活动相适应的具有法定执业资格的专业技术人员；

（3）有从事相应建筑活动所应有的技术装备。

经资格审查合格，取得资质证书和营业执照的承包商方许可在批准的范围内承包工程。

我国正在建立市场经济体制。市场经济的基本特征是通过市场实现资源的优化配置，在市场经济条件下，施工企业（承包商）需要通过市场竞争（投标）取得施工项目，需要依靠自身的实力去赢得市场，承包商的实力主要包括四个方面：

1. 技术方面的实力

有精通本行业的工程师、预算师、项目经理、合同管理等专业人员队伍；有工程设计、施工专业装备，能解决各类工程施工中的技术难题；有承揽不同类型项目施工的经验。

2. 经济方面的实力

具有相当的周转资金用于工程准备及备料，具有一定的融资和垫付资金的能力；具有相当的固定资产和为完成项目需购入大型设备所需的资金；具有支付各种担保和保险的能力，能承担相应的风险能力；承担国际工程尚需具备筹集外汇的能力。

3. 管理方面的能力

建筑承包市场属于买方市场，承包商为打开局面，往往需要低利润报价取得项目。必须在成本控制上下功夫。向管理要效益，并采用先进的施工方法提高工作效率和技术水平，因此必须具有一批过硬的项目经理和管理专家。

4. 信誉方面的实力

承包商一定要有良好的信誉，它将直接影响企业的生存与发展。要建立良好的信誉，就必须遵守法律法规，承担国外工程能按国际惯例办事，保证工程质量、安全、工期，能认真履约。

承包商投标工程，必须根据本企业的施工力量、机械装备、技术力量、施工经验等方面的条件，选择适于发挥自己优势的项目，避开企业不擅长或缺乏经验的项目，做到扬长避短，避免给企业带来不必要的风险和损失。

（三）工程咨询服务机构

工程咨询服务机构是指具有一定注册资金、工程技术、经济管理人员，取得建设咨询证书和营业执照，能对工程建设提供估算测量、管理咨询、建设监理等智力型服务并获取相应费用的企业。

工程咨询服务企业包括勘察设计、工程造价（测量）、工程管理、招标代理、工程监理等多种业务。这类企业主要是向业主提供工程咨询和管理服务，弥补业主对工程建设过程不熟悉的缺陷。在国际上一般称为咨询公司。在我国，目前数量最多并有明确资质标准的是工程设计院、工程监理公司和工程造价（工程测量）事务所。招标代理、工程管理和其他咨询类企业近年来也有发展。

咨询单位虽然不是工程承发包的当事人，但其受业主聘用，作为项目技术、经济咨询单位，对项目的实施负有相当重要的责任。此外，咨询单位还因其独特的职业特点和在项目实施中所处的地位要承担其自身的风险。

咨询单位与业主之间是契约关系，业主聘用工程师作为其技术、经济咨询人，为项目进行咨询、设计、监理和测量，许多情况下，咨询的任务贯穿于自项目可行性研究直至工程验收的全过程。

咨询单位的风险主要来自三个方面：

1. 来自业主的风险

(1) 业主希望少花钱、多办事。对工程提出的要求往往有些过分，例如项目标准高、实施速度超出可能，导致投资难以控制或者工程质量难以保证。

(2) 可行性研究缺乏严肃性。委托咨询时常常附加种种倾向性要求，咨询做可行性研究时，业主的主意已定，可行性研究成为可批性研究。一旦付诸实施，各种矛盾都将暴露出来，处理不好，导致的责任自然要由咨询单位承担。

(3) 盲目干预。有些业主虽然与咨询单位签有协议书，但在项目实施过程中随意做出决定，对工程师的工作干扰过多，影响工程师行使权力，影响合同的正常实施。

2. 来自承包商的风险

作为业主委聘的工程技术负责人，咨询单位在合同实施期间代表业主的利益，在与承包商的交往中难免会出现分歧和争端。承包商出于自己的利益，常常会有种种不轨图谋，给工程师的工作带来困难，甚至导致工程师蒙受重大风险。

(1) 承包商缺乏职业道德。对管理严厉的咨询单位代表有可能借业主之手达到驱逐目的。例如闻知业主代表到现场前，将工程师已签字的工程弄得面目全非，待业主查问时出示工程师已签字的认可文件。

(2) 承包商素质太差。没有能力或弄虚作假，对工程质量极不负责。由于工程面大，内容复杂，承包商弄虚作假的机会很多，待工程隐患一旦暴露时，固然可以追究承包商的责任，但工程师的责任也难免除。

(3) 承包商投标不诚实。有的承包商出于策略需要，投标报价很低，一旦中标难以完成合同，或施工过程中高额索赔，甚至以停工要挟，若承包商破产或工期拖延，工程师也有口难言。

3. 来自职业责任的风险

咨询单位的职业要求其承担重大的职业责任风险，这种职业责任险一般由下列因素构成：

(1) 设计错误或不完善；

(2) 投资概算和预算不准；

(3) 自身能力和水平不适应。

二、建设市场的客体

建设市场的客体，一般称作建筑产品，是建设市场的交易对象，既包括有形建筑产品，也包括无形产品——各类智力型服务。

建筑产品不同于一般工业产品。因为建筑产品本身及其生产过程，具有不同于其他工业产品的特点。在不同的生产交易阶段，建筑产品表现为不同的形态。可以是咨询公司提供的咨询报告、咨询意见或其他服务；可以是勘察设计单位提供的设计方案、施工图纸、勘察报告；可以是生产厂家提供的混凝土构件，当然也包括承包商生产的房屋和各类构筑物。

(一) 建筑产品的特点

1. 建筑生产和交易的统一性

建筑物与土地相连，不可移动，这就要求施工人员和施工机械只能随建筑物不断流动。从工程的勘察、设计、施工任务的发包，到工程竣工，发包方与承包方、咨询方进行的各种交易与生产活动交织在一起,建筑产品的生产和交易过程均包含于建筑市场之中。

2. 建筑产品的单件性

由于业主对建筑产品的用途、性能要求不同以及建设地点的差异,决定了多数建筑产品不能批量生产,决定了建筑市场的买方只能通过选择建筑产品的生产单位来完成交易。无论是设计、施工、管理服务,发包方都只能以招标要约的方式向一个或一个以上的承包商提出自己对建筑产品的要求。通过承包方之间在价格及其他条件上的竞争,确定承发包关系。

3. 建筑产品的整体性和分部分项工程的相对独立性

这个特点决定了总包和分包相结合的特殊承包形式。随着经济的发展和建筑技术的进步,施工生产的专业性越来越强。在建筑生产中,由各种专业施工企业分别承担工程的土建、安装、装饰、劳务分包,有利于施工生产技术和效率的提高。

4. 建筑生产的不可逆性

建筑产品一旦进入生产阶段,其产品不可能退换,也难以重新建造。否则双方都将承受极大的损失。所以,建筑最终产品质量是由各阶段成果的质量决定的。设计、施工必须按照规范和标准进行,才能保证生产出合格的建筑产品。

5. 建筑产品的社会性

绝大部分建筑产品都具有相当广泛的社会性,涉及公众的利益和生命财产的安全,即使是私人住宅,都会影响到环境、进入或靠近它的人员的生活和安全。政府作为公众利益的代表,加强对建筑产品的规划、设计、交易、建造的管理是非常必要的,有关建设的市场行为都应受到管理部门的监督和审查。

(二)建筑产品的商品属性

改革开放以后,建筑产品价格也走向市场形成,建筑产品的商品属性的观念已为大家所认识,成为建筑市场发展的基础,并推动了建筑市场的价格机制、竞争机制和供求机制的形成,使实力强、素质好、经营好的企业在市场上更具竞争性,能够更快地发展,实现资源的优化配置,提高了全社会的生产力水平。

(三)工程建设标准的法定性

建筑产品的质量不仅关系到承发包双方的利益,也关系到国家和社会的公共利益。正是由于建筑产品的这种特殊性,其质量标准是以国家标准、国家规范等形式颁布实施的。从事建筑产品生产必须遵守这些标准规范的规定。违反这些标准规范将受到国家法律的制裁。

工程建设标准涉及面很宽,包括房屋建筑、交通运输、水利、电力、通信、采矿冶炼、石油化工、市政公用设施等诸方面。

工程建设标准的对象是工程勘察、设计、施工、验收、质量检验等,各个环节中需要统一的技术要求,它包括五个方面的内容:

(1)工程建设勘察、设计、施工及验收等的质量要求和方法;

(2)与工程建设有关的安全、卫生、环境保护的技术要求;

(3)工程建设的术语、符号、代号、量与单位、建筑模数和制图方法;

(4)工程建设的试验、检验和评定方法;

(5)工程建设的信息技术要求。

第三节　建筑工程市场的资质管理

建筑活动的专业性、技术性都很强,而且建设工程投资大、周期长,一旦发生问题将给社会和人民的生命财产安全造成极大损失。因此,为保证建设工程的质量和安全,对从事建设活动的单位和专业技术人员必须实行从业资格审查,即资质管理制度。

建设工程市场中的资质管理包括两类:一类是对从业企业的资质管理;另一类是对专业人士的资格管理。

一、从业企业资质管理

在建筑市场中,围绕工程建设活动的主体主要有三方,即业主方、承包方、(包括供应商)和工程咨询方(包括勘察设计)。我国《建筑法》规定,对从事建筑活动的施工企业、勘察单位、设计单位和工程监理单位实行资质管理。

（一）承包商资质

1. 企业规模

承包企业的规模是建筑市场资质管理中需要考虑的一个主要问题,企业规模的大小是生产力诸要素(劳动力、生产设备、管理能力、资金能力)在生产单位集中程度的反映。在国际上通常将企业按规模划分为大、中、小三个类别。

合理的施工企业规模是取得良好的经济效益的主要条件,从整个建筑市场角度看,也能形成较为合理的分工结构。

2. 大、中、小型施工企业在建筑市场中的定位

在建筑市场中工程建设项目按投资规模可划分为大、中、小型企业,企业结构和生产组织正是对市场需求的一种体现。

中、小型企业存在有利于建筑工程体系专业化和阶段专业化的发展,有利于提高工人的技术水平和熟练程度。

小型企业在施工中以手工操作为主,一般拥有少量的小型或轻型机械装备,以工种化为特征。小型企业多数情况下作为专业分包承接任务。少数情况下也有可能独立承包一个或几个技术要求不高的小型工程或零星的修建任务。

中型企业一般采用手工操作和机械化施工相结合的生产方式,专业装备达到一定水平甚至很高水平。中型企业有能力作为大型工程的阶段性专业化和体系专业化的分包商,或以联合的方式承包中、小型工程。

大型企业资金雄厚、技术装备水平高,拥有较为合理的施工机械系列。同时大型施工企业的管理水平较高,且有掌握多种高新施工技术和施工工艺的能力,可承担大、中、小型各类项目的建设,在建筑市场中处于总承包地位,如上市的中国建筑、中国中铁、中国铁建、中国交建、招商地产、保利地产、万科地产、金地集团。大型企业多数情况下把部分施工任务以分包的形式发包给中、小型施工企业,这有利于实现专业化管理,突出大型企业在技术装备、资金方面的优势。对于中、小型企业则可能保证其生产任务的连续性和均衡性。一个大型企业和多个中、小型企业出于利益互补的考虑,可形成较稳定的协作关系。

3. 承包商资质管理

对于承包商资质的管理,亚洲国家和欧美国家做法不同。亚洲国家包括日本、韩国、新

加坡,以及我国的香港、台湾地区均对承包商资质的评定有着严格的规定。按照其拥有注册资本、专业技术人员、技术装备和已完成建筑工程的业绩等资质条件,将承包商按工程专业划分为不同的资质等级。承包商承招工程必须与其评审的资质等级和专业范围相一致。

我国《建筑法》对资质等级评定的基本条件明确为企业注册资本、专业技术人员、技术装备和工程业绩四项内容,并由建设行政主管部门对不同等级的资质条件做出具体划分标准。我国房地产开发企业资质等级标准适用于专营城市综合开发、建设、经营商品房屋的公司(以下简称开发公司)。开发公司按资质条件划分为一、二、三、四,四个等级。

(1)一级开发企业必须具备以下全部条件:

①注册资本不低于 2 亿元。

②具有建筑、土木工程、财务管理(建筑或房地产经济类)专业技术职称的管理人员不少于 40 人,其中具有中级以上职称的管理人员不得少于 20 人,持有资格证书的专职会计人员不得少于 4 人。

③设有高级工程师职称的总工程师,具备高级会计师以上职称的总会计师,设有经济师以上职称的总经济师,技术、经济、统计、财务等各业务负责人具有相当专业中级以上职称。

④具有 5 年以上从事综合开发的经历。

⑤近 3 年累计竣工的房屋建筑面积达 60 万 m^2 以上,或累计完成与此相当的房地产开发投资,连续 5 年建筑工程质量合格率达 100%。

⑥开发过 3 个以上房地产开发项目,获得二级资质 3 年以上;在建房屋建筑施工面积大于 30 万 m^2。

(2)二级开发公司,必须具备以下全部条件:

①注册资本不低于 1 亿元以上。

②具有建筑、土木工程、财务管理专业职称的技术、管理人员不得少于 20 人以上,其中具有中高级职称的管理人员不少于 10 人,持有资格证书的专职会计人员不得少于 3 人。

③工程技术、经济、统计、财务等各业务负责人具有相当专业中级以上职称。

④具有 3 年以上从事房地产开发的经历。

⑤近 3 年累计竣工的房屋建筑面积,达 20 万 m^2 以上,或累计完成与此相当的房地产开发投资,连续 3 年建筑工程质量合格率达 100%。

⑥开发过两个以上房地产开发项目,获得三级资质 2 年以上,在建房屋建筑施工面积大于 10 万 m^2。

(3)三级开发公司必须具备以下全部条件:

①注册资本不低于 5 000 万元以上。

②具有建筑、土木工程、财务管理专业职称的技术、管理人员不得少于 10 人以上,其中具有中高级职称的管理人员不少于 5 人,持有资格证书的专职会计人员不得少于 2 人。

③工程技术、财务负责人具有相当专业中级以上职称。其他业务负责人具有相应专业初级以上职称,配有初级以上职称的专业统计人员。

④具有 2 年以上从事房地产开发的经历。

⑤近 3 年累计竣工的房屋建筑面积达 10 万 m^2 以上,或累计完成与此相当的房地产开发投资,连续 3 年建筑工程质量合格率达 100%。

（4）四级开发公司资质的条件：

①注册资本不低于 100 万元以上。

②具有建筑、土木工程、财务管理专业职称的技术、管理人员不得少于 5 人以上，持有资格证书的专职会计人员不得少于 2 人。

③工程技术具有相当专业中级以上职称。财务负责人具有相应专业初级以上职称，配有专业统计人员。

④具有 1 年以上从事房地产开发的经历。

⑤近 3 年房屋建筑面积累计竣工面积 2 万平方米以上。

（5）对于资金、人员达到一、二、三级标准而经营业绩分别达不到一、二、三级公司标准中第 5、第 6 项规定的开发公司，可降低一个等级暂定。

（6）临时招聘的和只聘用的技术人员不计入公司的技术人员数，也不得作为技术、经济、财务等业务负责人。

长期聘用的非兼职的技术人员，聘用期在两年以上，可计入公司的技术人员数，但不得作为一、二级公司技术、经济、财务等业务负责人，可作为三、四级公司的技术、经济、财务负责人。

（7）各级开发公司可承担的任务规定如下：

①一级开发公司可承担 20 公顷以上的土地开发任务，建筑面积 20 万 m^2 以上的居住区开发建设，以及与其投资能力相当的工业区、商业区的开发建设，建设技术复杂程度不受限制。

②二级开发公司可承担 20 公顷以下的土地开发任务，建筑面积 20 万 m^2 以下的住宅小区开发建设，以及与其投资能力相当的工业、商业建设项目的开发建设，不得承担技术特别复杂的建设项目。

③三级开发公司可承担建筑面积 12 万 m^2 以下的住宅小区的土地、房屋综合开发或与其投资能力相当的工业、商业建筑的开发建设，不得承担含有 12 层以上，跨度超过 24 m 的建筑物的建设。

④四级开发公司可承担建筑面积 4 万 m^2 以下的住宅小区的土地、房屋综合开发，或与其投资能力相当的商业建筑的开发建设，只允许承担 6 层及 6 层以下民用建筑的建设。

（8）开发公司的降级处罚：

①对建筑工程发生重大事故的开发公司，予以降一级处罚，处罚期一至两年。

②工程质量抽查中，一级开发公司全年竣工房屋优良品率低于 20%，二级开发公司全年竣工房屋优良品率低于 15%，三级开发公司全年竣工房屋优良品率低于 10%，予以降一级处罚，处罚期一年。

（9）申请一级开发公司的，由各省、自治区、直辖市住建部完成初审，报住房与城乡建设部审批、认证；申请二、三、四级房地产开发公司的，由各省、自治区、直辖市住建部确定审批手续。

（二）工程咨询单位资质

发达国家的工程咨询单位具有民营化、专业化、小规模的特点。许多工程咨询单位都是以专业人士个人名义进行注册。出于工程咨询单位一般规模很小，很难承担咨询错误造成的经济风险，所以国际上通行的做法是让其购买专项责任保险，在管理上则通过实行专业人士执业制度实现对工程咨询从业人员管理，一般不对咨询单位实行资质管理制度。

1. 工程咨询的性质与工作内容

工程咨询是一种知识密集型的高智能服务工作。国际上把工程咨询分为两类:一类是技术咨询,另一类是管理咨询。工程设计属于技术咨询,项目管理则属于管理咨询。

在建筑市场中,围绕工程建设的主体各方在建筑法规约束下,构成相互制约的合同关系,即所谓的建设项目管理机制。在这种机制中,咨询方对项目建设的成败起着非常关键的作用。因为他们掌握着工程建设所需的技术、经济、管理方面的知识、技能和经验,将指导和控制工程建设的全过程。

工程咨询的工作内容一般包括:可行性研究、工程设计、工程测量、项目管理、专业技术咨询等。现代工程咨询分工是:一部分咨询工程师成立工程设计公司、建筑师事务所、测量师(造价工程师)事务所等,为业主提供可行性研究、工程设计、工程测量和工程预算等服务;另一部分咨询工程师成立专门的项目管理公司或事务所,针对大中型项目组织管理复杂的特点,为项目业主提供专业化的工程管理服务。

2. 工程项目管理

由于工程技术复杂、规模大,对项目建设的组织与管理提出了更高的要求。竞争激烈的社会环境,迫使人们重视项目管理。建筑工程管理学和专门从事项目管理的咨询公司、事务所也就在这样的社会条件下逐步形成。现在,工程项目管理已发展成为一项专门的职业。

项目管理咨询服务内容包括设计准备阶段、设计阶段、施工阶段、动用前准备阶段和保修阶段共五个阶段,在各阶段要做投资控制、进度控制、质量控制、合同管理、组织协调和信息管理等六个方面工作。实际上对于施工质量问题,国际上一致的观点是:"谁施工谁负责"。

3. 咨询单位资质管理

我国对工程咨询单位也实行资质管理。目前,已有明确资质等级评定条件的有:勘察设计、工程监理、工程造价、招标代理等咨询专业。例如,监理单位,划分为三个等级;丙级监理单位可承担本地区、本部门的三等工程;乙级监理单位可承担本地区、本部门的二、三等工程;甲级监理单位可承担跨地区、跨部门的一、二、三等工程。

工程招标代理机构,其资质等级划分为甲级和乙级。乙级招投标代理机构只能承担工程投资额(不含征地费、大市政配套费与拆迁补偿费)3 000万元以下的工程招标代理业务,地区不受限制;甲级招标代理机构承担工程的范围和地区不受限制。

工程造价咨询机构,其资质等级划分为甲级和乙级。乙级工程造价咨询机构在本省、自治区、直辖市所辖行政区范围内承接中、小型建设项目的工程造价咨询业务;甲级工程造价咨询机构承担工程的范围和地区不受限制。

工程咨询单位的资质评定条件包括注册资金、专业技术人员和业绩三方面的内容,不同资质等级的标准均有具体规定。

二、专业人士资格管理

在建筑市场中,把具有从事工程咨询资格的专业工程师称为专业人士。

专业人士在建筑市场管理中起着非常重要的作用。由于他们的工作水平对工程项目建设成败具有重要的影响,对专业人士的资格条件要求很高。从某种意义上说,政府对建筑市场的管理,一方面要靠完善的建筑法规,另一方向要依靠专业人士。英国、德国、日本、新加坡等国家的法规甚至规定,业主和承包商向政府申报建筑许可、施工许可、使用许可等手续,必须由专业人士提出。申报手续除应符合有关法律规定,还要有相应资格的专业人士签章。

（一）专业人士的责任

专业人士属于高智能工作者。专业人士的工作是利用他们的知识和技能为项目业主提供咨询服务。专业人士只对他提供的咨询活动所直接造成的后果负责。例如工程设计虽然实行建筑师负责制,但为建筑师服务的结构工程师,机电工程师和其他专业工程师要对他们自己的工作成果负责,并影响其资格的升迁。

专业人士对民事责任的承担方式,国际上通行的做法是让其购买专业责任保险,因为专业人士即使是附属于咨询单位从事工程咨询工作,由于咨询单位一般规模较小,资金有限,很难承担因其工作失误造成的经济风险。

（二）专业人士组织

在西方发达国家中,对专业人士的执业行为进行监督管理是专业人士组织的主要职能之一。一般情况下,专业工程师要成为专业人士,首先要通过由专业人士组织（学会）的考试才能取得专业人士资格。同时,各国的专业人士组织均对专业人士的执业行为规定了严格的职业道德标准,专业人士行为违背了这些标准,违反了公共利益,要受到制裁乃至取消其资格,不能在社会上继续从事其专业工作。

在发达国家有着"小政府、大协会"之称。随着建筑市场全球化的发展,许多世界著名的专业人士组织（学会）正积极谋求国际化的发展,以协助专业人士和本国政府开拓国际市场。

（三）专业人士的资格管理

我国专业人士制度是近几年才从发达国家引入的。目前,已经确定和将要确定的专业人士有五种:建筑师、结构工程师、监理工程师、造价工程师和建造（营造）工程师。如造价工程师注册资格考试涉及:工程建设质量、投资、进度控制;工程造价管理;工程造价的确定与控制;建设工程技术（土建/安装）。建造工程师注册资格考试涉及:房地产开发经营与管理;房地产估价理论与方法;工程监理基本理论和相关法规。资格和注册条件为:大专以上的专业学历;参加全国统一考试,成绩合格;相关专业的实践经验。参见 http://www.pqrc. org.cn。

第四节　建设工程交易中心

建设工程交易中心是我国近几年来在改革中出现的使建筑市场有形化的管理方式,这种管理方式在世界上是独一无二的。

建设工程从投资性质上可分为两大类:一类是国家投资项目,另一类是私人投资项目。我国是社会主义公有制为主体的国家,政府部门、国有企事业单价投资在社会投资中占有主导地位;这种公有制主导地位的特性,决定了对工程承发包管理不能照搬发达国家的做法,既不能像对私人投资那样放任不管,也不可能由某一个或几个政府部门来管理。因此,把所有代表国家或国有企事业单位投资的业主请进建设工程交易中心进行招标,设置专门的监督机构,就成为我国解决国有建设项目交易透明度差的问题和加强建筑市场管理的一种独特方式。

一、建设工程交易中心的性质与作用

有形建筑市场的出现,促进了我国工程招投标制度的推行。

1. 建设工程交易中心的性质

建设工程交易中心是服务性机构,不是政府管理部门,也不是政府授权的监督机构,本身并不具备监督管理职能。

建设工程交易中心又不是一般意义上的服务机构,其设立需得到政府或政府授权主管部门的批准,并非任何单位和个人可随意成立;它不以营利为目的,旨在为建立公开、公正、平等竞争的招投标制度服务,只可经批准收取一定的服务费,工程交易行为不能在场外发生。

2. 建设工程交易中心的作用

按照我国有关规定,所有建设项目都要在建设工程交易中心内报建、发布招标信息、合同授予、申领施工许可证。招投标活动都需在场内进行,并接受政府有关管理部门的监督。应该说建设工程交易中心的设立,对国有投资的监督制约机制的建立,规范建设工程承发包行为,和将建筑市场纳入法制管理轨道都有重要作用,是符合我国特点的一种好方式。

建设工程交易中心建立以来,由于实行集中办公、公开办事制度和程序,以及一条龙的"窗口"服务,不仅有力地促进了工程招投标制度的推行,而且遏制了违法违规行为,对于防止腐败、提高管理透明度收到了显著的成效。

二、建设工程交易中心的基本功能

我国的建设工程交易中心是按照三大功能进行构建的:

(一)信息服务功能

信息服务功能包括收集、存储和发布各类工程信息、法律法规、造价信息、建材价格承包商信息、咨询单位和专业人员信息等。在设施上配备有大型电子墙、计算机网络工作站,为承发包交易提供广泛的信息服务。

工程建设交易中心一般要定期公布工程造价指数和建筑材料价格、人工费、机械租赁费、工程咨询费以及各类工程指导价等,指导业主和承包商、咨询单位进行投资控制和投标报价。但在市场经济条件下,工程建设交易中心公布的价格指数仅是一种参考,投标最终报价还是需要依靠承包商根据本企业的经验或"企业定额",企业机械装备和生产效率、管理能力和市场竞争需要来决定。

(二)场所服务功能

对于政府部门、国有企业、事业单位的投资项目,我国明确规定,一般情况下都必须进行公开招标,只有特殊情况下才允许采用邀请招标。所有建设项目进行招投标必须在有形建筑市场内进行,必须由有关管理部门进行监督。

按照这个要求,工程建设交易中心必须为工程承发包交易双方包括建设工程的招标、评标、定标、合同谈判等提供设施和场所服务,同时,要为政府有关管理部门进驻集中办公、办理有关手续和依法监督招标投标活动提供场所服务。

(三)集中办公功能

由于众多建设项目要进入有形建筑市场进行报建、用投标交易和办理有关批准手续,这样就要求政府有关建设管理部门进驻工程交易中心集中办理有关审批手续和进行管理,

建设行政主管部门的各职能机构进驻建设工程交易中心。受理申报的内容一般包括：工程报建、招标登记、承包商资质审查、合同登记、质量报监、施工许可证发放等。进驻建设工程交易中心的相关管理部门集中办公，公布各自的办事制度和程序，既能按照各自的职责依法对建设工程交易活动实施有力监督，也方便当事人办事，有利于提高办公效率。一般要求实行"窗口化"的服务，这种集中办公方式决定了建设工程交易中心只能集中设立。按照我国有关法规，每个城市原则上只能设立一个建设工程交易中心，特大城市可增设若干个分中心，但分中心的三项基本功能必须健全。

三、建设工程交易中心的运行原则

为了保证建设工程交易中心能够有良好的远行秩序和市场功能的充分发挥，必须坚持市场运行的一些基本原则，主要有：

（一）信息公开原则

有形建筑市场必须充分掌握政策法规、工程发包、承包商和咨询单位的资质、造价指数、招标规则、评标标准、专家评委库等各项信息，并保证市场各方主体都能及时获得所需要的信息资料。

（二）依法管理原则

建设工程交易中心应严格按照法律、法规开展工作，尊重建设单位依照法律规定选择投标单位和选定中标单位的权利。监察机关应当进驻建设工程交易中心实施监督。

（三）公平竞争原则

建立公平竞争的市场秩序是建设工程交易中心的一项重要原则。进驻的有关行政监督管理部门应严格监督招标、投标单位的行为，防止行业、部门垄断和不正当竞争，不得侵犯交易活动各方的合法权益。

（四）属地进入原则

按照我国有形建筑市场的管理规定，建设工程交易实行属地进入，每个城市原则上只能设立一个建设工程交易中心。对于跨省、自治区、直辖市的铁路、公路、水利等工程，可在政府有关部门的监督下，通过公告由项目法人组织招标、投标。

（五）办事公正原则

建设工程交易中心是政府建设行政主管部门批准建立的服务性机构。必须配合进场各行政管理部门做好相应的工程交易活动管理和服务工作。要建立监督制约机制，公开办事规则和程序，制定完善的规章制度和工作人员守则，发现建设工程交易活动中的违法违规行为，应当向政府有关管理部门报告，并协助进行处理。

四、建设工程交易中心运作的一般程序

按照有关规定。建设项目进入建设工程交易中心后，一般按如下程序运行（图2.3）。

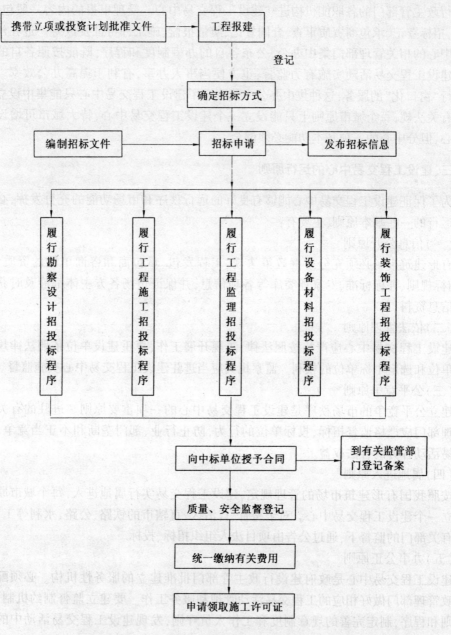

图 2.3　建设工程交易中心运行图

第五节　数字城建有形建筑市场信息化

随着电子监管和项目信息化管理的迅猛发展,传统的建筑工程监管模式已经越来越不适应建筑工程管理的发展,各种固有的缺陷也逐渐凸显出来。如何依法、便捷、高效、规范地对建设工程项目全过程进行监督管理,已成为亟待解决的难题。

为了有效规范建设工程项目整体的管理秩序,进一步推进建设工程项目招投标工作的全面健康发展,完善数字化、实时化工地的建立,遵循《中华人民共和国建筑法》《中华人民共和国招标投标法》等建筑领域的相关法律法规,深入贯彻党的十八大关于"智能化城市建设"思想,开拓创新,全面规范建筑工程项目的监管机制。我们建议积极探索建设工程项目监督管理的新机制,充分利用先进的电子信息技术手段,扎实全面地推进建设工程项目监督管理平台的建设。

"数字化城建平台"以市场主体为基础,项目管理为主线,执法监督部门为护航,加强对建设工程项目整个周期的监督管理,有效督促招投标管理、许可证管理、质监管理及安监管理等业务工作的良好推进,发挥市场各方主体的能动性,实现各职能部门监管的整体联动。

一、设计理念

1.《中华人民共和国建筑法》为依据,规范建设领域监管

《中华人民共和国建筑法》是建设类工程项目必须遵守的法律。数字化城建平台就是基于《中华人民共和国建筑法》设计而成的。

"数字化城建平台"整合了从项目报建系统到项目竣工备案系统的所有建设类工程项目相关的电子信息化系统,以建筑法规范建筑类工程项目在运行过程中正常有序地进行,对建筑类工程项目实施流程化的监督备案机制。

2. 各方主体管理,提供公开透明的建设监管平台

"数字化城建平台"给建筑类工程项目各方参与主体提供了一个公开透明的平台,让各方主体公平合理地参与其中,也方便主管部门对参与的主体进行管理,以及对相关资料的保存备份。

3. 开放软件接口,可与其他系统实现对接

"数字化城建平台"具有很大的开放性,能够整合其他部门或机构提供的信息服务。而与其他外部系统进行联系的就是其软件接口,数字化城建平台软件接口的设计可采用目前国际上流行的标准化模块设计,可避免应用孤岛和数据孤岛,真正实现数字化城建平台的应用价值。

4. 应用数字证书技术,确保信息安全

系统中在涉及企业安全信息的地方,依据《电子签名法》采用了国际先进的应用数字证书识别技术,实现在应用过程中用户的身份认证和数据信息的电子签名及数据加密,确保用户身份的确定性、信息传输过程中的保密性、完整性和防篡改、防抵赖,使整个建设工程项目在运行过程中精确的责任划分与项目流程的可溯源性,从而有效解决建筑工程类项目行为的法律效力问题。

5. 全流程监管

"数字化城建平台"是基于模块化原理和标准流程化设计规则构建的,实现了真正地对建设工程项目全流程化的监管。平台依托网站为基础,涵盖从建设工程类项目的项目网上报建到项目电子招投标以及最后的网上竣工备案的完整建筑类项目的生命周期,保证项目星系的完整和可溯源。

6. 合理设计,满足用户的实际需求

电子交易招投标平台具有灵活性、集成性、松耦合性等特点。"数字化城建平台"可以是一个集成的综合性建筑类工程建设监管平台,覆盖了建设类工程项目的业务流程,真正实现了全流程的电子化监管,完善了电子化工地的建设。但系统的功能设定并不是一成不变、不可分割的整体。本系统平台所具有的相关特点,使系统流程、功能能够方便地根据用户的实际需求而定制设计,为用户打造适合自身的数字化城建平台。

二、总体设计

建设市场数字化管理平台以市场主体信用管理为基础,工程项目生命周期为主线,整合了从工程项目报建到竣工备案的所有流程,实现全程数字化监管。同时,系统还应配套开发设计移动客户端,满足用户随走随用的工作需要。系统应采用开放性接口,实现与外部系统无缝对接(如图2.4)。

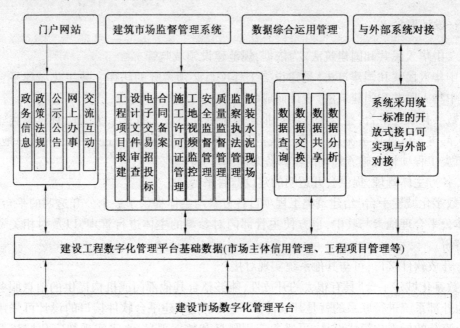

图2.4　平台架构图

三、系统业务

"数字化城建平台"中的建设工程项目监管流程如图2.5。

四、功能建设

1. 项目报建

"项目报建系统"根据《工程建设项目报建管理办法》等方针政策,利用网络等先进信息技术,提供通过网上申报、审批、数据维护等业务功能,实现对建设工程项目基本信息、单位工程(子项目)信息、标段信息等流程化管理。

系统的建立,通过信息化辅助手段,统一了工程项目报建,有助于主管部门监督工程项目的报建登记;对报建的工程建设项目进行核实、分类、汇总;及时有效地掌握建设工程项目数量、规模等,有利于规范工程建设实施阶段的管理,达到加强建筑市场管理的目的。

"设计文件审查系统"采取建设单位网上申报、主管部门审核的机制,实现网上数据申报、审批接件、分发到统一审批全过程的审查管理。

系统的建立,使建设工程施工图设计文件的审查更加严谨、科学、高效,有利于加强建筑工程勘察设计质量监督与管理,保护国家和人民生命财产安全,维护公众利益。

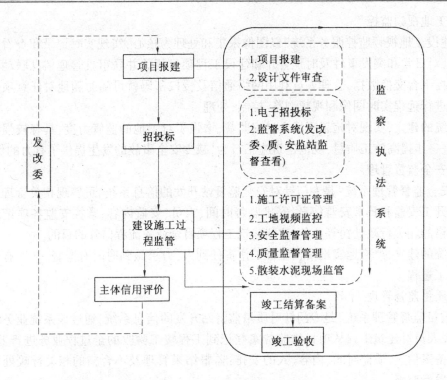

图 2.5　建设工程项目监管流程

2. 电子交易招投标

"电子交易招投标系统"是基于模块化原理和标准化设计规则构建的,是一套整体化的电子招投标解决方案,涵盖了招投标过程中的所有业务操作,并引入了主体库管理机制,真正实现了从项目招标备案到中标备案全流程的网络化、电子化。

系统的建立,可促进建设工程项目招投标工作的公开化、法制化、规范化,使得招投标工作更加公正、透明,且有利于建设工程项目招投标各参与方降低成本、提高效率。其次,实施电子化招投标既是建设工程项目招投标工作的发展趋势,是解决目前招投标工作中存在问题的有力武器,也是建设工程招投标事业科学发展的必然要求。

3. 合同备案

"合同备案系统"对建筑过程的总包合同、分包合同、专业工程等进行备案,实现业务申报人员将建设工程合同信息通过网络进行申报、打印、查询和维护管理;业务受理人员通过系统进行接件、分配、审核及备案全过程管理。

系统建立,可实现对建筑工程合同更加规范化、程序化、法制化的管理,进一步规范市场行为,从而健全合同管理机制,使之顺应时代步伐,适应建筑市场的发展趋势。

4. 施工许可证管理

"施工许可证管理系统"专门为建筑业相关管理部门实现电子政务应用而开发的,采取施工单位网上申请、主管部门审核的机制,提供网上施工许可证申请、资料审核、备案(招标备案、安监、质监等信息录入)、配套费信息、许可证打印与发放、许可证查询等。

系统的建立,实现对施工许可证的一体化管理,可加强对建筑活动的监督管理,维护建筑市场秩序,保证建筑工程的安全和质量。

5. 工地视频监控

"建设工地视频监控服务系统"以图像采集和处理为核心,实现实时记录和查看施工现场状况,对日常和突发事件及时预警并和建设工程项目相关并联审批管理信息联动。通过系统监控平台交换数据,管理人员利用网络通信及授权密码就可随时随地对任意项目的施工现场进行远程实时图像和视频浏览、控制、处理。

系统的建立,实现对施工现场全过程监督,增强了对工地的监管力度,具有较强的威慑力,为进一步提高施工质量,规范建筑施工行为,减少安全事故的发生提供了有力的保障。

6. 安全监督管理

"安全监督管理系统"是专门针对安全监督站开发的信息系统,可实现相关管理人员管控项目开工安监和日常安监信息;安排监督时间、人员、安监内容;掌控安监各项记录信息及不合格的相关行政处罚等业务,达到建筑工程项目全业务流程监管的目的。

系统的建立,严格地实现安全监督工作责任到人,力求做到时时有监督,处处有管控的安全施工过程。

7. 质量监督管理

"质量监督管理系统"是专门针对质量监督站开发的信息系统,通过该系统业务管理平台,管理人员对建筑工程从项目质监备案登记到工程竣工验收的全过程业务进行监督,包括项目备案信息;质监时间、内容、人的安排;监督结果管理及不合格的相关行政处罚等业务进行质量监督。

系统的建立,加强了对建设工程质量的管理,保证建设工程质量,保护人民生命和财产安全。

8. 监察执法管理

"监察执法管理系统"为建设监察工作提供一个信息快速采集、传递和有序处理的工作平台,并与相关系统实现信息共享和业务协调。实现了从案件受理、立案、调查取证、处理和执法处罚到结案的全过程管理。

系统的建立,有利于完善、培育和规范建筑市场,实现市场治乱、企业治散、质量治差、价格合理,促进建筑业健康发展;有利于健全监督机制,加强廉政建设,遏制不正之风和腐败现象的滋生蔓延。

9. 散装水泥现场监管

"散装水泥现场监管系统"为相关管理部门提供一个监管、执法的管理平台,主要实现监督人员对施工现场散装水泥的使用进行监督,包括录入检查结果、即时地对违法行为进行处理等相关应用。

系统的建立,有利于对施工现场散装水泥的使用情况进行监管,促进散装水泥现场使用的有效管理,规范行为。

10. 竣工结算备案

"竣工结算备案系统"实现对建设工程项目的竣工结算备案信息的登记、接件、分配、审核、备案等各个环节的计算机管理。

系统的建立,可进一步加强工程造价监督管理,规范建筑工程竣工结算计价行为,维护发承包双方的合法权益,规范工程施工全过程的经济活动和解决拖欠工程款问题的重要措施。

11. 竣工验收备案

"竣工验收备案管理系统"主要通过网上申报验收备案、备案部门对备案项目进行接件、各相关部门签收返回结果到发放合格通知书等竣工验收全过程管理。

系统的建立，为全面考核建设工作、检验是否符合设计要求和施工质量提供了信息化支撑，统一和规范了建筑工程的验收备案管理，加强了对施工全过程最后一道程序的严格把关，保障了建筑工程质量。

数字化城建是涵盖有形建筑市场的一套整体的信息化解决方案，有效地规范了城市建筑市场健康有序的发展，为"智能化城市建设"及我国"十三五"国家规划的"推进基于生态文明的新型城镇化"进程奠定了完善的智慧城市基础。

复习思考题

1. 简述建设市场体系。

2. 简述项目法人责任制。

3. 什么是建设市场的主体和客体？包括哪些具体内容？

4. 什么是建设市场的资质管理？为什么要加强建设市场的资质管理？

5. 我国政府加强建设市场的资质管理的范围和主要内容是什么？

6. 什么是建设工程交易中心？建设工程交易中心的性质和作用是什么？有何基本功能？

第三章 工程项目招标

[学习重点] 熟悉工程招标程序;掌握工程项目立项及可行性研究的内容、步骤,工程项目招标的条件与程序,招标文件的编制;了解国际工程项目施工招标等专业知识。

第一节 概 述

随着改革开放的深入,特别是建筑业改革的深入,招投标已逐渐成为市场的一种主要交易方式。

我国正处在发展社会主义市场经济的初级阶段,市场经济体系框架正在初步形成,许多方面尚有待完善,特别是建筑市场,缺乏健全的市场机制,因而招投标市场中尚存在许多问题。主要表现如下:

(1)推行招投标的力度不够或者想方设法规避招投标。

(2)实施招投标程序不统一,漏洞较多,有不少项目有招投标之名而无招投标之实。

(3)招投标中不正当交易和腐败现象比较严重,招标人虚假招标,私泄标底。投标人串通投标,投标人与招标人之间行贿受贿现象,中标人擅自切割标段、分包、转包,吃回扣等钱权交易违法犯罪行为时有发生。

(4)政企不分,对招投标活动行政干预过多,有的政府机关部门随意改变招标结果,指定招标代理机构或者中标人。

(5)行政监督体制不顺,职责不清,一些地方和部门自定章法,各行其事,在一定程度上助长了地方保护主义和部门保护主义,有的地方和部门甚至只许本地方本部门的单位参加投标,限制了市场竞争。

针对以上问题,为了使招投标制度在我国有效的贯彻和实施,发挥招投标的积极作用,于1999年8月30日九届全国人大常委会第11次会议通过了《中华人民共和国招标投标法》,自2000年1月1日起施行。招投标是具有完善机制、科学合理的工程承发包方法,是国际上采用的比较完善的工程承发包方式。我们应该学习国外先进的管理思想和方法,让建筑企业通过参加招投标取得工程项目的建设任务,在国内与国际建设市场的竞争中求得自己的生存和发展。

一、工程项目与立项

项目是指一系列独特的、复杂的并相互关联的活动,这些活动有着一个明确的目标或目的,必须在特定的时间、预算、资源限定内,依据规范完成。项目具有一次性、独特性、目标的明确性、活动的整体性、组织的临时性和开放性、开发与实施的渐进性的共同特征。工程项目是以工程建设为载体的项目,是作为被管理对象的一次性工程建设任务。它以建筑物或构筑物为目标产出物,需要支付一定的费用,按照一定的程序,在一定的时间内完成,并应符合质量要求。

（一）工程项目的概念

工程项目（construction project）又称建设项目、投资建设项目或建设工程项目，是指为完成依法立项的新建、扩建、改建等各类工程而进行的、有起止日期的、达到规定要求的一组相互关联的受控活动组成的特定过程，包括：策划、勘察、设计、采购、施工、试运行、竣工验收和考核评价等。也可以理解为基本建设项目。如南京长江大桥、南水北调、西气东输、三峡建设、"一路一带"等基建项目。通常，工程项目建设周期可划分为四个阶段：工程项目策划和决策阶段，工程项目准备阶段，工程项目实施阶段，工程项目竣工验收和总结评价阶段。大多数工程项目建设周期有共同的人力和费用投入模式，开始时慢，后来快，而当工程项目接近结束时又迅速减缓。

1. 工程项目策划和决策阶段

这一阶段的主要工作包括：投资机会研究、初步可行性研究、可行性研究、项目评估及决策。此阶段的主要目标是对工程项目投资的必要性、可能性、可行性，以及为什么要投资、何时投资、如何实施等重大问题，进行科学论证和多方案比较。本阶段工作量不大，但却十分重要。投资决策是投资者最为重视的，因为它对工程项目的长远经济效益和战略方向起着决定性的作用。为保证工程项目决策的科学性、客观性，可行性研究和项目评估工作应委托高水平的咨询公司独立进行，可行性研究和项目评估应由不同的咨询公司来完成。

2. 工程项目准备阶段

此阶段的主要工作包括：工程项目的初步设计和施工图设计，工程项目征地及建设条件的准备，设备、工程招标及承包商的选定、签订承包合同。本阶段是战略决策的具体化，它在很大程度上决定了工程项目实施的成败及能否高效率地达到预期目标。

3. 工程项目实施阶段

此阶段的主要任务是将"蓝图"变成工程项目实体，实现投资决策意图。在这一阶段，通过施工，在规定的范围、工期、费用、质量内，按设计要求高效率地实现工程项目目标。本阶段在工程项目建设周期中工作量最大，投入的人力、物力和财力最多，工程项目管理的难度也最大。

4. 工程项目竣工验收和总结评价阶段

此阶段应完成工程项目的联动试车、试生产、竣工验收和总结评价。工程项目试生产正常并经业主验收后，工程项目建设即告结束。但从工程项目管理的角度看，在保修期间，仍要进行工程项目管理。项目后评价是指对已经完成的项目建设目标、执行过程、效益、作用和影响所进行的系统的、客观的分析。它通过对项目实施过程、结果及其影响进行调查研究和全面系统回顾，与项目决策时确定的目标以及技术、经济、环境、社会指标进行对比，找出差别和变化，分析原因，总结经验，汲取教训，得到启示，提出对策建议，通过信息反馈，改善投资管理和决策，达到提高投资效益的目的。项目后评价也是此阶段工作的重要内容。

（二）工程项目的立项

立项是投资建设项目领域的通用词汇。特指建设项目已经获得政府投资计划主管机关的行政许可（原称立项批文），是项目前期工作的一部分，一般来讲，需要具备规划选址、土地预审、环评许可等要件。项目前期工作一般包括项目建议书、可行性研究、初步设计等，初步设计后即可进入施工招投标阶段。

项目特别是大中型项目,要列入政府的社会和经济发展计划中。项目经过项目实施组织决策者和政府有关部门的批准,并列入项目实施组织或者政府计划的过程叫项目立项。

1. 审批制项目

(1)项目单位首先向发展改革部门提交项目建议书,并逐级上报至审批目录中规定的有权对该项目进行审批的那一级发展改革部门进行审查,提出同意进行项目可行性研究的批准意见。

(2)项目单位根据发展改革部门的批准意见,委托具备相应资质的工程项目咨询机构编制可行性研究报告,并通过相应的前期工作完成附件。附件包括:

①项目环境影响评价审批文件;

②项目占地预审意见或相关文件;

③项目能耗评价审批文件;

④项目资本金证明文件;

⑤项目安全评价审批文件;

⑥项目规划许可意见;

⑦项目对既(现)有工程、设施、自然人文资源、能源的运行、保护、开发有可能产生影响的,还要提供相应管理部门出具的同意建设文件(例如:对公路、铁路交通设施可能产生影响的,对河流、水系可能产生影响的,占压矿产资源、影响文物保护的等)。

以上所列前四项每个报批的项目都必须提供,其余各项视情况确定是否提供。

(3)项目单位将可研报告及附件提交项目建设地县以上发展改革部门,逐级上报至审批目录所规定的有权对项目进行审批的那一级发展改革部门。

(4)受理审批项目的发展改革部门组织专家组成评审委员会,对项目进行评审,并提出评审意见。

(5)发展改革部门根据专家评审意见,通过审查行文提出审批意见,项目单位持审批意见办理其他基建手续。

(6)审批部门负责批准项目初步设计。

(7)项目建成后由审批部门组织验收。

2. 核准制项目

(1)项目单位委托具备相应资质的工程项目咨询机构编制项目核准申请报告,报告要达到可行性研究报告程度,并通过相应的前期工作完成报告的附件。附件包括:

①项目环境影响评价审批文件;

②项目占地预审意见或相关文件;

③项目能耗评价审批文件;

④项目资本金证明文件;

⑤项目安全评价审批文件;

⑥项目规划许可意见;

⑦项目对既(现)有工程、设施、自然人文资源、能源的运行、保护、开发有可能产生影响的,还要提供相应管理部门出具的同意建设文件(例如:对公路、铁路交通设施可能产生影响的,对河流、水系可能产生影响的,占压矿产资源、影响文物保护的等)。

以上所列前四项每个申报核准的项目都必须提供,其余各项视情况确定是否提供。

(2)项目单位将申请报告及附件提交项目建设地县以上发展改革部门,逐级上报至核准目录所规定的有权核准的那一级发展改革部门受理核准。

（3）受理核准的发展改革部门组织专家组成评审委员会，对项目进行评审，并提出评审意见。

（4）发展改革部门根据专家评审意见，通过审查行文出具核准意见，项目单位持核准意见办理其他基建手续。

（5）项目建成后，由核准单位组织验收。

根据《企业投资项目核准暂行办法》第五条的规定，项目申报单位应向项目核准机关提交《项目申请报告》一式5份。项目申请报告应附带相关资质，等级由核准机关具体要求。其中由国务院投资主管部门核准的项目，应附甲级工程咨询资格。

3. 备案制项目

国务院并未制定全国适用的、统一的备案制投资项目立项管理办法，具体的实施办法由国务院授权各省级人民政府制定。由于各地省级政府制定的具体实施办法均有差别，因此，仅对一般地区备案制投资项目立项流程进行说明。

（1）项目单位向发改部门出具具备相应资质的咨询机构编制的项目备案申请报告（达到可行性研究报告程度）和附件，附件主要是项目资本金证明文件。

（2）发改部门审查同意后填写项目备案登记表进行备案登记，项目单位持备案登记表再行办理其他基本建设手续。

4. 可行性研究的含义

开发项目的可行性研究是开发项目投资决策的依据和首要环节，它是指在开发投资之前对拟开发的项目进行全面、系统的调查研究和分析，运用科学的技术评价方法，对拟建项目进行论证，以最终确定项目是否可行的一种综合研究方法。通过可行性研究主要处理两方面的问题：一是技术的可行性；二是经济的合理性。

（1）可行性研究具有前期性、预测性、不确定性的特点。

（2）可行性研究的作用：是项目投资决策的依据；是申请建设贷款的依据；是编制下阶段规划设计的依据；是开发商与有关部门鉴定协议或合同的依据。

（3）可行性研究的依据主要有：国家和地区经济建设的方针、政策和规划；批准的项目建议书和同等效力的文件；国家批准的城市总体规划、详细规划、交通等市政基础设施；自然、地理、气象、水文地质、经济、社会等资料；有关工程技术方面的标准、规范、指标、要求等资料；国家规定的经济参数和指标；开发项目备选方案的土地利用条件、规划设计条件以及备选规划设计方案等。

（4）可行性研究的专业机构和人员构成：正式的可行性研究一般应由专业评价机构来完成。一个项目的可行性研究小组，一般包括以下人员：社会学和环境科学专家、经济分析家、市场调查和分析人员、造价工程师、注册房地产评估师、制作人员。

（5）可行性研究的阶段。可行性研究可分为3个阶段：

①机会研究。机会研究是指在一地区或部门内，以市场调查和市场预测为基础进行粗略和系统的估算，来选择最佳的投资机会，提出项目。项目建议书一经批准，就可列入项目计划，这一过程称为立项。

项目建议书一般包括建设项目提出的必要性；项目类型、规模、建设地点的初步设想；建设的条件分析；投资估算和资金筹措设想；项目的进度安排；经济效益的初步估计，包括全部投资的内部收益率和投资回收期等指标。

机会研究的精度一般在±30%以内,研究经费一般占总投资的0.2%~0.8%,所需时间为1~2个月。

②初步可行性研究。大型项目在正式研究之前都要进行预可行性研究,主要是分析投资机会的结论,初步判断项目投资是否可行,决定是否进行下一步的可行性研究。

研究精度一般在±20%以内,研究经费一般占总投资0.25%~1.5%,所需时间为2个月。

③详细可行性研究。详细可行性研究就是通常所说的可行性研究,这一阶段最为重要,对拟投资项目要进行全面的技术经济论证。

研究的精度一般在±10%以内,研究经费一般占总投资1%~3%所需时间为2~3个月。

④项目的评价与决策。国家规定大中型及限额以上项目,必须经有权审批单位委托有资质的咨询评价单位就项目的可行性研究报告进行评价论证。

(6)可行性研究的内容。

①项目的背景与概况;

②开发区域现状调查及动迁安置;

③市场分析和建设规模;

④规划设计方案选择;

⑤资源供给;

⑥环境影响和环境保护;

⑦项目开发组织机构、管理费用的研究;

⑧开发建设计划;

⑨项目经济及社会效益分析;

⑩结论和建议。

(7)可行性研究的步骤:接受委托、调查研究、方案选择和优化、财务评价和国民经济评价、编制可行性研究报告。

(8)可行性研究报告的撰写:包括封面、摘要、目录、正文、附表、附图等附件。

(9)可行性研究报告的写作要点:项目总说明、项目概况、投资环境研究、市场研究、项目地理环境和附近地区竞争性发展项目、规划方案和设计条件、建设方式和进度安排、投资估算及资金筹措、项目评价基础数据的预测和选定、项目经济效益评价、不确定性分析、可行性研究的结论。

二、建筑市场与工程项目招投标

招投标是市场经济的产物,推行工程项目招投标的目的,就是要在建筑市场中建立竞争机制。实行工程项目建设招投标是培育和发展建筑市场的主要环节,对振兴和发展建筑及促进我国社会主义市场经济体系的完善都具有十分重要的意义。

(一)工程项目招投标的概念

所谓工程项目招标,是指招标人(下称业主)对自愿参加某一特定工程项目的投标人(承包商)进行审查、评比和选定的过程。

工程项目招标是工程项目招投标的一个方面,它是从工程项目投资者即业主的角度所揭示的招投标的过程。

（二）建筑市场与工程项目招投标的关系

建筑市场与工程项目招投标相互联系、相互制约、相互促进。工程项目招投标制是市场经济的产物,它作为建筑市场的一个重要组成部分。其自身的发展有赖于建筑市场整体乃至市场经济体系的完善与发展,同时招投标制又是培养和发展建筑市场的主要环节,没有招投标制的发展就不会形成完善的建筑市场机制。

1. 工程项目招投标是培育和发展建筑市场的重要环节

首先,推行招投标有利于规范建筑市场主体的行为,促进合格市场主体的形成。建筑市场的主体由业主、承包商和中介服务机构组成。市场主体的合格程度,直接关系到建筑市场的发展。

推行招投标制有利于形成良性的建筑市场的运行机制。建筑市场的运行机制主要包括价格机制、竞争机制和供求机制。良性的商场运行机制是市场发挥其优化配置资源的基础性作用的前提。

通过推行招投标制,为建筑市场的主体创造一个公平竞争的环境同时加强了政府对工程建设规模的控制。

2. 推行招投标制有利于促进经济体制的配套改革和市场经济体制的建立

推行招投标制,涉及计划、价格、物资供应、劳动工资等各个方面,客观上要求有与相匹配的体制,对不适应招投标的内容进行改革,加快市场体制发展的步伐。

3. 推行招投标制有利于促进我国建筑业与国际接轨

随着21世纪的到来,国际建筑市场的竞争更加激烈,建筑业将逐渐与国际接轨。通过推行招投标制可使建筑企业逐渐认识、了解和掌握国际通行做法,寻找差距,不断提高自身素质与竞争能力,为进入国际市场奠定基础。

三、工程项目招标分类

根据不同的分类方式,工程项目招标具有不同的类型。

（一）按工程项目建设程序分类

工程项目建设过程可分类为建设前期阶段、勘察设计阶段和施工阶段。因而按工程项目建设程序,招标可分为工程项目开发招标、勘察设计招标和施工招标三种类型。

1. 项目开发招标

这种招标是业主为选择科学、合理的投资开发建设方案,为进行项目的可行性研究,通过投标竞争寻找满意的咨询单位的招标。投标人一般为工程咨询单位,中标人最终的工作成果是项目的可行性研究报告。中标人须对自己提供的研究成果负责,并得到业主的认可。

2. 勘察设计招标

勘察设计招标指根据批准的可行性研究报告,择优选择勘察设计单位的招标。勘察和设计是两种不同性质的工作。可由勘察单位和设计单位分别完成。勘察单位最终提出施工现场的地理位置、地形、地貌、地质、水文等在内的勘察报告。设计单位最终提供设计图纸和成本预算结果。施工图设计可由中标的设计单位承担,也可由施工单位承担,一般不进行单独招标。

3. 工程施工招标

在工程项目的初步设计或施工图设计完成后,用招标的方式选择施工单位的招标,施工单位最终向业主交付按招标设计文件规定的建筑产品。

（二）按工程承包的范围分类

1. 项目总承包招标

即选择项目总承包人招标，这种又可分为两种类型，其一是指工程项目实施阶段的全过程招标；其二是指工程项目建设全过程的招标。前者是在设计任务书完成后，从项目勘察、设计到交付使用进行一次性招标；后者则是从项目的可行性研究到交付使用进行一次性招标，业主只需提供项目投资和使用要求及竣工、交付使用期限，其可行性研究、勘察设计、材料和设备采购、施工安装、生产准备和试运行、交付使用，均由一个总承包商负责承包，即所谓"交钥匙工程"。

我国由于长期采取设计与施工分开的管理体制，因而在国内工程招标中，所谓项目总承包招标往往是指对一个项目全部施工的总招标，与国际惯例所指的总承包尚有相当大的差距，为与国际接轨，提高我国建筑企业在国际建筑市场的竞争能力，深化施工管理体制的改革，造就一批具有真正总包能力的智力密集型的龙头企业。是我国建筑业发展的重要战略目标。

2. 专项工程承包招标

专项工程承包招标指在工程承包招标中，对其中某项比较复杂或专业性强、施工和制作要求特殊的单项工程进行单独招标。

（三）按行业类别分类

即按与工程建设相关的业务性质分类的方式，按不同的业务性质，可分为土木工程招标、勘察设计招标、材料设备采购招标、安装工程招标、生产工艺技术转让招标、咨询服务（工程咨询）招标等。

第二节　工程项目招标方式

一、公开招标

公开招标又称为无限竞争招标，是由招标单位通过报刊、广播、电视等方式发布招标广告，有意的承包商均可参加资格审查，合格的承包商可购买招标文件，参加投标的招标方式。

这种招标方式的优点是：投标的承包商多、范围广、竞争激烈，业主有较大的选择余地，有利于降低工程造价，提高工程质量和缩短工期；其缺点是：由于投标的承包商多，招标工作量大，组织工作复杂，需投入较多的人力、物力，招标过程所需时间较长，因而此类招标方式主要适用于投资额度大、工艺、结构复杂的较大型工程建设项目。

二、邀请招标

邀请招标又称为有限竞争性招标。这种方式不发布广告，业主根据自己的经验和所掌握的各种信息资料，向有承担该项工程施工能力的三个以上（含三个）承包商发出招标邀请书，收到邀请书的单位才有资格参加投标。

这种方式的优点是：目标集中，招标的组织工作较容易，工作量比较小；其缺点是：由于参加的投标单位较少，竞争性较差，使招标单位对投标单位的选择余地较少，如果招标单位在选择邀请单位前所掌握信息资料不足,则会失去发现最适合承担该项目的承包商的机会.

公开招标和邀请招标都必须按规定的招标程序进行,要制订统一的招标文件.投标都必须按招标文件的规定进行投标.

三、议标

对于涉及国家安全的工程或军事保密的工程,或紧急抢险救灾工程,通过直接邀请某些承包商进行协商选择承包商,这种招标方式称为议标.在我国颁布的招投标法中已取消了议标的招标方式.

第三节 工程项目施工招标程序

一、工程项目施工招标条件

《工程建设施工招标投标管理办法》对建设单位及建设项目的招标条件作了明确的规定.

建设单位招标应具备的条件:

(1)招标单位是法人或依法成立的其他组织;

(2)有与招标工程相适应的经济、技术、管理人员;

(3)有组织编制招标文件的能力;

(4)有审查投标单位资质的能力;

(5)有组织开标、评标、定标的能力.

不具备上述(2)~(5)项条件的,必须委托具有相应资质的咨询、监理单位代理招标.上述五条中,(1),(2)两条是对单位资格的规定,后三条则是对招标人能力的要求.

建设项目招标应当具备的条件:

(1)概算已经批准;

(2)建设项目已经正式列入国家、部门或地方的年度固定资产投资计划;

(3)建设用地的征用工作已经完成;

(4)有足够满足施工需要的施工图纸及技术资料;

(5)建设资金和主要建筑材料,设备的来源已经落实;

(6)已经建设项目所在地规划部门批准,施工现场"三通一平"已经完成或一并列入施工招标范围.

二、工程项目施工招标程序

所谓招标程序是指招标活动的内容的逻辑关系,不同的招标方式,具有不同的活动内容.

(一)建设项目施工公开招标程序

公开招标的程序分为6大步骤:即建设项目报建;编制招标文件;投标者的资格预审;发放招标文件;开标、评标与定标;签订合同,如图3.1.

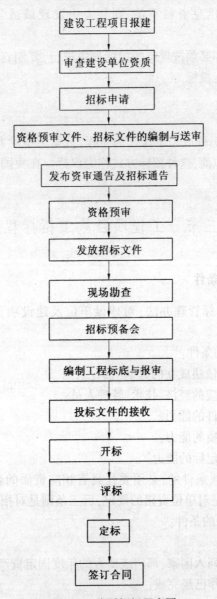

图 3.1　公开招标程序图

1. 建设工程项目报建

《工程建设项目报建管理办法》规定凡在我国境内投资兴建的工程建设项目,都必须实行报建制度,接受当地建设行政主管部门的监督管理。

建设工程项目报建是建设单位招标活动的前提,报建范围包括:各类房屋建筑(包括新建、改建、扩建、翻修等)、土木工程(包括:道路、桥梁、房屋基础打桩等)、设备安装、管道线路铺设和装修等建设工程。报建的内容主要包括:工程名称、建设地点、投资规模、资金投资额、工程规模、发包方式、计划开竣工日期和工程筹建情况等。

在建设工程项目的立项批准文件或投资计划下达后,建设单位根据《工程建设项目报建管理办法》规定的要求进行报建,并由建设行政主管部门审批。具备招标条件的可开始办理建设单位资质审查。

2.审查建设单位资质

即审查建设单位是否具备招标条件,不具备有关条件的建设单位,须委托具有相应资质中介机构代理招标,建设单位与中介机构签订委托代理招标的协议,并报招标管理机构备案。

3.招标申请

招标单位填写"建设工程招标申请表",并经上级主管部门批准后,连同"工程建设项目报建审查登记表"报招标管理机构审批。

4.资格预审文件、招标文件编制与送审

公开招标时,要求进行资格预审的只有通过资格预审的施工单位才可以参加投标。

资格预审文件和招标文件需招标管理机构审查,审查同意后可刊登资格预审通告。

5.刊登资格预审通告、招标通告

公开招标可通过报刊、广播、电视等或信息网上发布"资格预审通告"或"招标通告"。

6.资格预审

对申请资格预审的投标人送交填报的资格预审文件和资料进行评比分析,确定出合格的投标人的名单,并报招标管理机构核准。

7.发放招标文件

将招标文件、图纸和有关技术资料发放给通过资格预审获得投标资格的投标单位,投标单位收到招标文件、图纸和有关资料后,应认真核对,核对无误后,应以书面形式予以确认。

8.勘察现场

招标单位组织投标单位进行勘察现场的目的在于了解工程场地和周围环境情况,以获取投标单位认为有必要的信息。

9.招标预备会

招标预备会的目的在于澄清招标文件中的疑问、解答投标单位对招标文件和勘察现场中所提出的疑问和问题。

10.工程标底的编制与送审

当招标文件的商务条款一经确定,即可进入标底编制阶段。标底编制完后应将必要的资料报送招标管理机构审定。

11.投标文件的接收

投标单位根据招标文件的要求,编制投标文件,并进行密封和标志,在投标截止时间前按规定的地点递交至招标单位。招标单位接收投标文件并将其秘密封存。

12.开标

在投标截止日期后。按规定时间、地点,在投标单位法定代表人或授权代理人在场的情况下举行开标会议,按规定的议程进行开标。

13.评标

由招标代理、建设单位上级主管部门协商,按有关规定成立评标委员会。在招标管理机构监督下,依据评标原则、评标方法,对投标单位报价、工期、质量、主要材料用量、施工方案或施工组织设计、以往业绩、社会信誉、优惠条件等方面进行综合评价,公正合理择优选择中标单位。

14.定标

中标单位选定后由招标管理机构核准,获准由招标单位发出"中标通知书"。

15. 合同签订

建设单位与中标的单位在规定的期限内签订工程承包合同。

(二) 建设项目施工邀请招标程序

　　邀请招标程序是直接向适于本工程施工的单位发出邀请,其程序与公开招标大同小异。其不同点主要是没有资格预审的环节,但增加了发出投标邀请书的环节。邀请招标的程序如图3.2所示。这里的发出投标邀请书,是指招标单位可直接向有能力承担本工程的施工单位发出投标邀请书。

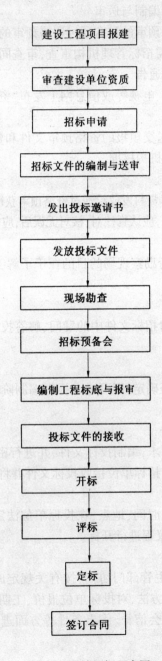

建设工程项目报建

审查建设单位资质

招标申请

招标文件的编制与送审

发出投标邀请书

发放投标文件

现场勘查

招标预备会

编制工程标底与报审

投标文件的接收

开标

评标

定标

签订合同

图3.2　邀请招标程序图

第四节　工程项目施工招标文件的编制

根据建设部 1996 年 12 月发布《建设施工招标文件范本》的规定,对于公开招标的招标文件,分为四卷共十章,其内容的目录如下:

第一卷　投标须知、合同条件及合同格式

　第一章　投标须知

　第二章　施工合同通用条款

　第三章　施工合同专用条款

　第四章　合同格式

第二卷　技术规范

　第五章　技术规范

第三卷　投标文件

　第六章　投标书及投标书附录

　第七章　工程量清单与报价表

　第八章　辅助资料表

　第九章　资格审查表

第四卷　图纸

　第十章　图纸

我国在施工项目招标文件的编制中除合同协议条款较少采用外,基本都按《建设工程施工招标文件范本》的规定进行编制。现将上述内容说明如下:

一、投标须知

投标须知是招标文件中很重要的一部分内容,投标者在投标时必须仔细阅读和理解,按须知中的要求进行投标,其内容包括:总则、招标文件、投标报价说明、投标文件的编制、投标文件递交、开标、评标、授予合同等八项内容。一般在投标须知前有一张"前附表"。

"前附表"是将投标者须知中重要条款规定的内容用一个表格的形式列出来,以使投标者在整个投标过程中必须严格遵守和深入的考虑。前附表的格式和内容如附录所示。

(一)总则

在总则中要说明工程概况和资金的来源,资质与合格条件的要求及投标费用等问题。

1. 工程概况和资金来源通过前附表中第 1 ~ 3 项所述内容获得

2. 资质和合格文件中一级应说明如下内容

(1)参加投标单位至少要求满足前附表第 4 项所规定的资质等级;

(2)参加投标的单位必须具有独立法人资格和相应的施工资质,非本国注册的应按建设行政主管部门有关管理规定取得施工资质;

(3)为说明投标单位符合投标合格的条件和履行合同的能力;

(4)对于联营体投标的要求等。

3. 投标费用

投标单位应承担投标期间的一切费用,不管中标与否,招标单位不承担投标单位的一切投标费用。

（二）招标文件

1. 招标文件的组成

除了投标须知写明的招标文件的内容外，还应包括对招标文件的解释和对招标文件的修改。

2. 招标文件的解释

投标单位在得到招标文件后，若有问题需澄清，应以书面形式向招标单位提出，招标单位应以通信形式或招标预备会的形式予以解答，但不说明其问题的来源，答复将以书面形式送交所有的投标者。

3. 招标文件的修改

在投标截止日期前，招标单位可以补充通知形式修改招标文件。为使投标单位有时间考虑招标文件的修改，招标单位有权延长递交投标文件的截止日期。对投标文件的修改和延长投标截止日期应报招标管理部门批准。

（三）投标报价说明

投标报价说明应指出投标报价、投标报价采用的方式和投标货币三个方面的要求。

1. 投标价格

（1）工程量清单中所报的单价和合价，以及报价表中的价格应包括人工、施工机器、材料、安装、维护、管理、保险、利润、税金、政策性文件规定、合同包含的所有风险和责任等各项费用。

（2）招标文件中的工程量清单中的每一项的单价和合价都应填写，未填写的将不能得到支付，并认为此项费用已包含在工程量清单的其他单价和合价中。

2. 投标价格采用的方式

投标价格采用价格固定（投标单位所填写的单价和合价在合同的实施期间不因市场变化因素而变化）和价格调整两种方式，计算报价时可考虑一定的风险系数。

3. 投标货币

应写明投标所采用的货币种类。

（四）投标文件的编制

投标文件的编制主要说明投标文件的语言、投标文件的组成、投标有效期、投标保证金、投标预备会、投标文件的份数和签署等内容。

1. 投标文件的语言

投标文件及投标单位与招标单位之间的来往通知，函件应采用中文。在少数民族聚居的地区也可使用该少数民族的语言文字。

2. 投标文件的组成

投标文件一般由下列内容组成：投标书、投标书附录、投标保证金、法定代表人的资格证明书、授权委托书、具有价格的工程量清单与报价表、辅助资料表、资格审查表（有资格预审的可不采用）、按本须知规定提出的其他资料。

对投标文件中的以上内容通常都在招标文件中提供统一的格式，投标单位按招标文件的统一规定和要求进行填报。

3. 投标有效期

（1）投标有效期一般是指从投标截止日起算至公布中标的一段时间。一般在投标须知的前附表中规定投标有效期的时间（例如28天）。那么投标文件在投标截止日期后的28

天内有效。

（2）在原定投标有效期满之前，如因特殊情况，经招标管理机构同意后，招标单位可以向投标单位书面提出延长投标有效期的要求。此时，投标单位须以书面的形式予以答复，对于不同意延长投标有效期的，招标单位不能因此而没收其投标保证金。对于同意延长投标有效期的，不得要求在此期间修改其投标文件，而且应相应延长其投标保证金的有效期，对投标保证金的各种有关规定在延长期内同样有效。

4. 投标保证金

（1）投标保证金是投标文件的一个组成部分，对未能按要求提供投标保证金的投标，招标单位将视为不响应投标而予以拒绝。

（2）投标保证金可以是现金、支票、汇票和在中国注册的银行出具的银行保函，对于银行保函，应按招标文件规定的格式填写，其有效期应不超过招标文件规定的投标有效期。

（3）未中标的投标单位的投标保证金，招标单位应尽快将其退还，一般最迟不得超过投标有效期期满后的 14 天。

（4）中标的投标单位的投标保证金，在按要求提交履约保证金并签署合同协议后，予以退还。

（5）对于在投标有效期内撤回其投标文件或在中标后未能按规定提交履约保证金或签署协议者将没收其投标保证金。

5. 招标预备会

招标预备会目的是澄清、解答投标单位提出的问题和组织投标单位考察和了解现场情况。

6. 投标文件的份数和签署

投标文件应明确标明"投标文件正本"和"投标文件副本"，投标文件均应使用不能擦去的墨水打印和书写，由投标单位法定代表人亲自签署并加盖法人公章和法定代表人印鉴。

全套投标文件应无涂改和行间插字，若有涂改和行间插字处，应由投标文件签字人签字并加盖印鉴。

（五）投标文件的递交

1. 投标文件的密封与标志

（1）投标单位应将投标文件的正本和副本分别密封在内层包封内，再密封在一个外层包封内，并在内包封上注明"投标文件正本"或"投标文件副本"。

（2）外层和内层包封都应写明招标单位和地址、合同名称、投标编号并注明开标时间以前不得开封。在内层包封上还应写明投标单位的邮编、地址和名称，以便投标出现逾期送达时能原封退回。

（3）如果在内层包封未按上述规定密封并加写标志，招标单位将不承担投标文件错放或提前开封的责任，由此造成的提前开封的投标文件将予以拒绝，并退回投标单位。

2. 投标截止日期

（1）投标单位应按前附表规定的投标截止日期的时间之前递交投标文件。

（2）招标单位因补充通知修改招标文件而酌情延长投标截止日期的，招标和投标单位在投标截止日期方面的全部权利、责任和义务，将适用延长后新的投标截止期。

3. 投标文件的修改与撤回

投标单位在递交投标文件后。可以在规定的投标截止时间之前以书面形式向招标单位递交修改或撤回其投标文件的通知。在投标截止时间之后。则不能修改与撤回投标文件,否则,将没收投标保证金。

(六)开标

招标单位应在前附表规定的开标时间和地点举行开标会议,投标单位的法人代表或授权的代表应签名报到,以证明出席开标会议。投标单位未派代表出席开标会议的视为自动弃权。

开标会议在招标管理机构监督下,由招标单位组织主持,对投标文件开封进行检查,确定投标文件内容是否完整和按顺序编制,是否提供了投标保证金,文件签署是否正确。按规定提交合格撤回通知的投标文件不予开封。

投标文件有下列情况之一者将视为无效:①投标文件未按规定标志和密封;②未经法定代表人签署或未盖投标单价公章或未盖法定代表人印鉴的;③未按规定格式填写,内容不全或字迹模糊、辨认不清的;④投标截止日期以后送达的。

招标单位在开标会议上当众宣布开标结果,包括有效投标名称、投标报价、主要材料用量、工期、投标保证金以及招标单位认为适当的其他内容。

(七)评标

1.评标内容的保密

(1)公开开标后,直到宣布授予中标单位为止。凡属于评标机构对投标文件的审查、澄清、评比和比较的有关资料和授予合同的信息,工程标底情况都不应向投标单位和与该过程无关的人员泄露。

(2)在评标和授予合同过程中,投标单位对评标机构的成员施加影响的任何行为,将导致取消投标资格。

2.资格审查

对于未进行资格预审的,评标时必须首先按招标文件的要求对投标文件中投标单位填报的资格审查表进行审查,只有资格审查合格的投标单位,其投标文件才能进行评比与比较。

3.投标文件的澄清

为有助于对投标文件的审查评比和比较,评标机构可以要求个别投标单位澄清其投标文件,有关澄清的要求与答复,均须以书面形式进行,在此不涉及投标报价的更改和投标的实质性内容。

4.投标文件的符合性鉴定

在详细评标之前,评标机构将首先审定每份投标文件是否实质上响应了招标文件的要求。

5.错误的修正

对投标文件进行校核时,如果用数字表示的数额与用文字表示的数额不一致时,以文字数额为准。单价与合价不一致时,以单价为准。如果投标单位不同意调整投标报价,则视投标单位拒绝投标,没收其投标保证金。

6.投标文件的评价与比较

(1)在评价与比较时应根据前附表评标方法一项规定的评标内容进行。

通常是对投标单位的投标报价、工期、质量标准、主要材料用量、施工方案或施工组织设计、优惠条件、社会信誉及以往业绩等进行综合评价。

(2)投标价格采用价格调整的,在评标时不考虑执行合同期间价格变化和允许调整的规定。

（八）授予合同

1.中标通知书

经评标确定出中标单位后,在投标有效期截止前,招标单位将以书面的形式向中标单位发出"中标通知书",说明中标单位按本合同实施、完成和维修本工程的中标报价(合同价格),以及工期、质量和有关签署合同协议书的日期和地点,同时声明该"中标通知书"为合同的组成部分。

2.履约保证

中标单位应按规定提交履约保证,履约保证可由在中国注册银行出具的银行保函(保函数额为合同价的5%),也可由具有独立法人资格的经济实体企业出具履约担保书(保证数额为合同价10%)。投标单位可以选其中一种,并使用招标文件中提供的履约保证格式。中标后不提供履约保证的投标单位将没收其投标保证金。

3.合同协议书的签署

中标单位按"中标通知书"规定的时间和地点,由投标单位和招标单位的法定代表人按招标文件中提供的合同协议书签署合同。若对合同协议书有进一步的修改或补充,应以"合同协议书谈判附录"形式作为合同的组成部分。

4.中标单位按文件规定提供履约保证后,招标单位及时将评标结果通知未中标的投标单位。

二、合同条件

建设部颁布的《建设工程施工招标文件范本》中,对招标文件的合同条件规定采用1991年由国家工商行政管理局和建设部颁布的《建设工程施工合同》。该合同由两部分组成,第一部分称《建设工程施工合同条件》,第二部分称《建设工程施工合同协议条款》。

在投标文件编写中,根据实际情况有的招标单位只部分采用上述的《建设工程施工合同》,如只用《建设工程施工合同条件》,有的则用其他的标准合同来代替。

对于《建设工程施工合同文本》,在总结实施经验的基础上已做出了进一步的修改。并已公布实施,新修订的施工合同文本由《协议书》《通用条款》《专用条款》三部分组成,可在招标文件中采用。

三、合同格式

合同格式包括以下内容:即合同协议书格式、银行履约保函格式、履约担保格式,预付款银行保函格式。为了便于投标和评标,在招标文件中都用统一的格式,参见附录。

四、规范

规范主要说明工程现场的自然条件,施工条件及本工程施工技术要求和采用的技术规范。

五、投标书及投标书附录

投标书是由投标单位授权的代表签署的一份投标文件,投标书是对业主和承包商双方均具有约束力的合同的重要部分。与投标书跟随的有投标书附录、投标保证书和投标单位的法人代表资格证书及授权委托书。投标书附录是对合同条件规定的重要要求的具体化，投标保证书可选择银行保函，担保公司、证券公司、保险公司提供担保书。

六、工程量清单与报价表

（一）工程量清单与报价表的用途

工程量清单与报价表有三个主要用途：一是为投标单位按统一的规格报价，填报表中各栏目价格，按价格的组成逐项汇总，按逐项的价格汇总成整个工程的投标报价；二是方便工程进度款的支付，每月结算时可按工程量清单和报价表的序号，已实施的项目单价或价格来计算应给承包商的款项；三是在工程变更或增加新的项目时，可选用或参照工程量清单与报价表单价来确定工程变更或新增项目的单价和合价。

（二）工程量清单与报价表的分类

在工程量清单与报价表中，可分为两类，一类是按"单价"计价的项目，另一类是按"项"包干的项目。在编制工程量清单时要按工程的施工要求进行工作分解来立项，尽力做到使工程量清单中各项既满足工序进度控制要求，又能满足成本控制的要求，既便于报价，又便于工程进度款的结算和支付。

（三）工程量清单与报价表的前言说明

（1）工程量清单应与投标须知、合同条件、技术规范和图纸一起使用。

（2）工程量清单所列工程量系招标单位估算和临时作为投标单位共同报价的基础而用的，付款以实际完成的工程量为依据，由承包商计量，监理工程师核准的实际完成的工程量。

七、辅助资料表

通过辅助资料表示进一步了解投标单位对工程施工人员、机械和各项工作的安排情况，便于评标时进行比较，同时便于业主在工程实施过程中安排资金计划。

八、资格审查表

对于未经过资格预审的，在招标文件中应编制资格审查表，以便进行资格后审，在评标前，必须首先按资格审查表的要求进行资格审查，只有资格审查通过者，才有资格进入评标。

资格审查表的内容如下：

（1）投标单位企业概况；

（2）近三年来所承建工程情况一览表；

（3）在建施工情况一览表；

（4）目前剩余劳动力和机械设备情况表；

（5）财务状况；

（6）其他资料（各种奖罚）；

（7）联营体协议和授权书。

包括固定资产、流动资产、长期负债、流动负债、近三年完成的投资、经审计的财务报表等。

九、图纸

图纸是招标文件的重要组成部分,是投标单位在拟定施工方案,确定施工方法,提出替代方案,确定工程量清单和计算投标报价不可缺少的资料。

图纸的详细程度取决于设计的深度与合同的类型。实际上,在工程实施中陆续补充和修改图纸,这些补充和修改的图纸必须经监理工程师签字后正式下达,才能作为施工和结算的依据。

第五节　招标实务

在本节就招标中的一些其他实际问题作进一步补充说明,这些包括:资格预审通告与招标公告、资格预审文件、勘察现场、工程标底的编制、开标、评标、定标等,现分述如下:

一、资格预审通告与招标公告

对于要求资格预审的公开招标应发布资格预审通告,对于进行资格预审的公开招标应发布招标公告。资格预审通告和招标公告都应在有关的报刊、杂志、信息网络公开发布。

二、资格预审文件

对于要求资格预审的应编制预审文件,资格预审文件包括的内容,除上述的资格预审通告外,还包括资格预审须知、资格预审表和资料、资格预审合格通知书等。

三、勘察现场

招标单位组织投标单位进行勘察现场的目的在于了解工程场地和周围环境情况,招标单位应尽力向投标单位提供现场的信息资料和满足进行现场勘察的条件,为便于解答投标单位提出的问题,勘察现场一般安排在投标预备会之前。投标单位的问题应在预备会之前以书面形式向招标单位提出。

招标单位应向投标单位介绍有关施工现场如下的情况:

(1)是否达到招标文件规定的条件;

(2)地形、地貌;

(3)水文地质、土质、地下水位等情况;

(4)气候条件,包括气温、湿度、风力、降雨、降雪情况;

(5)现场的通信、饮水、污水排放、生活用电等;

(6)工程在施工现场中的位置;

(7)可提供的施工用地和临时设施等。

四、工程标底的编制

在评标过程中,为了对投标报价进行评价,特别是采用在标底上下浮动一定范围内的投标报价为有效报价时,招标单位应编制工程标底。

标底是由招标单位或委托建设行政主管部门批准的具有编制标底资格和能力的中介代理机构,根据国家(或地方)公布的统一工程项目划分、统一的计量单位、统一的计算规则以及施工图纸、招标文件,并参照国家规定的技术标准、经济定额所编制的工程价格。

(一)标底编制的原则

(1)统一工程项目划分、统一计量单位、统一计算原则;

(2)以施工图纸、招标文件和国家规定的技术标准和工程造价定额为依据;

(3)力求与市场的实际变化吻合,有利于竞争和保证工程质量;

(4)标底价格一般应控制在批准的总概算及投资包干的限额内;

(5)根据我国现行的工程造价计算方法,并考虑到向国际惯例靠拢,提倡优质优价;

(6)一个工程只能编制一个标底;

(7)标底必须经招标管理机构审定;

(8)标底审定后必须及时妥善封存、严格保密,不得泄露。

(二)计价方法

标底价格由成本、利润、税金等组成。应考虑人工、材料、机械台班等价格变化因素,还应包括不可预见费、预算包干费、措施费(赶工措施费、施工技术措施费)、现场因素费用、保险以及采用固定价格的工程风险金等。计价方法可选用我国现行规定的工料单价和综合单价两种方法计算。

(三)标底编制的基本依据

(1)招标商务条款;

(2)工程施工图纸、编制工程量清单的基础资料、编制标底所依据的施工方案、工程建设地点的现场地质、水文及地上情况的有关资料;

(3)编制标底前的施工图纸设计交底及施工方案交底。

(四)标底编、审程序

(1)确定标底计价内容及计算方法、编制总说明、施工方案或施工组织设计、编制(或审查确定)工程量清单、临时设施布置临时用地表、材料设备清单、补充定额单价、钢筋铁件调整、预算包干、按工程类别的取费标准等;

(2)确定材料设备的市场价格;

(3)采用固定价格的工程,应测算施工周期内的人工、材料、设备、机械台班价格波动风险系数;

(4)确定施工方案或施工组织设计中计费内容;

(5)计算标底价格;

(6)标底送审,标底应在投标截止日期后,开标之前报招标管理机构审查,结构不太复杂的中小型工程在投标截止日期后 7 天内上报,结构复杂的大型工程在 14 天内上报,未经审查的标底一律无效;

(7)标底价格审定交底。

当采用工料单价计价方法时,其主要审定内容包括:

(1)标底计价内容;

(2)预算内容;

(3)预算外费用。

当采用综合单价计价方法,其主要审定内容包括:

(1)标底计价内容;

(2)工程单价组成分析;

（3）设备市场供应价格、措施费（赶工措施费、施工技术措施费）、现场因素费用等。

五、开标

（1）开标应当在投标截止时间后，按照招标文件规定的时间和地点公开进行。已建立建设工程交易中心的地方，开标应当在建设工程交易中心举行。

（2）开标由招标单位主持，并邀请所有投标单位的法定代表人或者其代理人和评标委员会全体成员参加。建设行政主管部门及其工程招标投标监督管理机构依法实施监督。

（3）开标一般应按照下列程序进行：

①主持人宣布开标会议开始，介绍参加开标会议的单位、人员名单及工程项目的有关情况；

②请投标单位代表确认投标文件的密封性；

③宣布公正、唱标、记录人员名单和招标文件规定的评标原则、定标办法；

④宣读投标单位的名称、投标报价、工期、质量目标、主要材料用量、投标担保或保函以及投标文件的修改、撤回等情况，并作当场记录；

⑤与会的投标单位法定代表人或者其代理人在记录上签字，确认开标结果；

⑥宣布开标会议结束，进入评标阶段。

（4）投标文件有下列情形之一的，应当在开标时当场宣布无效：

①未加密封或者逾期送达的；

②无投标单位及其法定代表人或者其代理人印鉴的；

③关键内容不全、字迹辨认不清或者明显不符合招标文件要求的无效投标文件，不得进入评标阶段。

（5）招标单位可以编制标底，也可以不编制标底。需要编制标底的工程，由招标单位或由其委托具有相应能力的单位编制；不编制标底的，实行合理低价中标。

对于编制标底的工程，招标单位可以规定在标底上下浮动一定范围内的投标报价为有效，并在招标文件中写明。在开标时，如果仅有少于三家的投标报价符合规定的浮动范围，招标单位可以采用加权平均的方法修订规定，或者宣布实行合理低价中标，或者重新组织招标。

六、评标

（1）评标由评标委员会负责。评标委员会的负责人由招标单位的法定代表人或者其代理人担任。

评标委员会的成员由招标单位、上级主管部门和受聘的专家组成（如果委托招标代理或者工程监理的，应当有招标代理、工程监理单位的代表参加）为5人以上的单数，其中技术、经济等方面的专家不得少于三分之二。

（2）省、自治区、直辖市和地级以上城市（包括地、州、盟）建设行政主管部门，应当在建设工程交易中心建立评标专家库。评标专家须由从事相关领域工作满八年，并具有高级职称或者具有同等专业水平的工程技术、经济管理人员担任，并实行动态管理。

评标专家库应拥有相当数量符合条件的评标专家，并可以根据需要，按照不同的专业和工程分类设置专业评标专家库。

（3）招标单位根据工程性质、规模和评标的需要，可在开标前若干小时之内从评标专家库中随机抽取专家聘为评委,工程招标投标监督管理机构依法实施监督。专家评委与该工程的投标单位不得有隶属或者其他利害关系。

专家评委在评标活动中有徇私舞弊、显失公正行为的,应当取消其评委资格。

七、定标

(1)招标单位应当依据评标委员会的评标报告,并从其推荐的中标候选人名单中确定中标单位,也可以授权评标委员会直接定标。

实行合理低标法评标,在满足招标文件各项要求的前提下,投标报价最低的投标单位应为中标单位;实行综合评议法,得票最多或得分最高的投标单位应当为中标单位。

(2)在评标委员会提交评标报告后,招标单位应当在招标文件规定的时间内完成定标,并向中标单位发出《中标通知书》。

(3)自《中标通知书》发出30日内,招标单位应当与中标单位签订合同,合同价应当与中标价相一致。合同的其他主要条款,应当与招标文件、《中标通知书》相一致。

(4)中标后,除不可抗力外,中标单位拒绝与招标单位签订合同的,招标单位可以不退还其投标保证金,并可以要求赔偿相应的损失,招标单位拒绝与中标单位签订合同的,应当双倍返还其投标保证金,并赔偿相应的损失。

(5)中标单位与招标单位签订合同时,应当按照招标文件的要求,向招标单位提供履约保证。履约保证可以采用银行履约保函(一般为合同价的5% ~ 10%),或者其他担保方式(一般为合同价的10% ~ 20%),招标单位应当向中标单位提供工程款支付担保。

八、招标代理

(1)招标单位可以委托具有相应资质条件的招标代理单位代理其招标业务。

招标代理单位受招标单位的委托,按照委托代理合同,依法组织招标活动,并按照合同约定取得酬金。

(2)招标代理单位在开展招标代理业务时,应当维护招标单位的合法权益,对提供的招标文件、评标报告等的科学性、准确性负责,并不得向外泄露可能影响公正、公平竞争的有关情况。

(3)招标代理单位不得接受同一招标工程的投标代理和投标咨询业务,也不得转让招标代理业务。招标代理单位与行政机关和其他国家机关以及被代理工程的投标单位不得有隶属关系或者其他利害关系。

第六节　国际工程项目施工招标

一、国际工程招标方式

国际工程招标方式有四种类型:国际竞争性招标,亦称国际公开招标;国际有限招标;两阶段招标;议标,亦称邀请协商。

(一)国际竞争性招标

国际竞争性招标系指在国际范围内,采用公平竞争方式,定标时按事先规定的原则,对所有具备要求资格的投标商一视同仁,根据其投标报价及评标的所有依据,如工期要求,可兑换外汇比例(指按可兑换和不可兑换两种货币付款的工程项目),投标商的人力、财力和物力及其拟用于工程的设备等因素,进行评标、定标。采用这种方式可以最大限度地挑起竞争,形成买方市场,使招标人有最充分的挑选余地,取得最有利的成交条件。

国际竞争性招标是目前世界上最普遍采用的成交方式。采用这种方式,业主可以在国际市场上找到最有利于自己的承包商,无论在价格和质量方面,还是在工期及施工技术方面都可以满足自己的要求。按照国际竞争性招标方式,招标的条件由业主(或招标人)决定,因此,订立最有利于业主,有时甚至对承包商很苛刻的合同是理所当然的。

国际竞争性招标的适用范围如下:

(1)按资金来源划分:如世界银行等金融机构提供的优惠贷款的工程项目,联合国等多边援助机构或亚洲开发银行提供的援助性贷款的工程项目等。

(2)按工程性质划分:大型土木工程,如水坝、电站、高速公路等,跨国境的国际工程等。

(二)国际有限招标

国际有限招标是一种有限竞争招标。较之国际竞争性招标,它有其局限性,即投标人选有一定的限制,不是任何对发包项目有兴趣的承包商都有资格投标。国际有限招标包括两种方式:

1.一般限制性招标

这种招标虽然也是在世界范围内,但对投标人选有一定的限制。其具体做法与国际竞争性招标颇为近似,只是更强调投标人的资信,采用一般限制性招标方式也应该在国内外主要报刊上刊登广告,只是必须注明是有限招标和对投标人选的限制范围。

2.特邀招标

特邀招标即特别邀请性招标。采用这种方式时,一般不在报刊上刊登广告,而是根据招标人自己积累的经验和资料或由咨询公司提供的承包商名单,由招标人在征得世界银行或其他项目资助机构的同意后对某些承包商发出邀请,经过对应邀人进行资格预审后,再行通知其提出报价,递交投标书。这种招标方式的优点是经过选择的投标商在经验、技术和信誉方面比较可靠,基本上能保证招标的质量和进度。但这种方式也有其缺点,即由于发包人所了解的承包商的数目有限,在邀请时很可能漏掉一些在技术上和报价上有竞争力的承包商。

(三)两阶段招标

以下三种情况往往采用两阶段招标:

(1)招标工程内容属高新技术,需在第一阶段招标中博采众议,进行评价,选出最新最优设计方案,然后在第二阶段中邀请选中方案的投标人进行详细的报价。

(2)在某些新型的大型项目承包前,招标人对此项目的建造方案尚未最后确定,这时可以在第一阶段招标中向投标人提出要求,就其最擅长的建造方案进行报价,或者按其建造方案报价。经过评价,选出其中最佳方案的投标人再进行第二阶段的按其具体方案的详细报价。

(3)一次招标不成功,即所有投标报价超出标底20%以上,只好在现有基础上邀请若干家报价较低者再次报价。

(四)议标

议标亦称邀请协商,是一种"谈判合同"。实践中发包单位一般同时与多家承包商进行谈判,承包商不用出具投标保函,发包单位亦可利用承包商的弱点以此压彼,从而达到理想的成交目的,缔约的可能性较大。

然而,我们不能不充分注意到,议标常常是获取巨额合同的主要手段。综观近十年来国际承包市场的成交情况,国际上225家大承包商公司中的承包公司每年的成交额约占世界总发包额的40%,而他们的合同有90%是通过议标取得的,由此可见,议标在国际承发包工程中所占的重要地位。

二、世界各地区的习惯做法

从总体上讲,世界各地委托的主要方式可以归纳以下四种:世界银行推行的做法,英联邦地区的做法,法语地区的做法,独联体成员目的做法。

(一)世界银行推行的做法

世界银行作为一个权威性的国际多边援助机构,具有雄厚的资本和丰富的组织工程承发包的经验,世界银行以其处理事务公平合理和组织实施项目强调经济实效而享有良好的信誉和绝对的权威。世界银行已积累了40多年的投资与工程招投标经验,制订了一套完整而系统的有关工程承发包的规定,且被众多边援助机构尤其是国际工业发展组织和许多金融机构以及一些国家政府援助机构视为模式,世界银行规定的招标方式适用于所有由世界银行参与投资或贷款的项目。

世界银行推行的招标方式主要突出三个基本观点:

(1)项目实施必须强调经济效益;

(2)对所有会员国以及瑞士和中国台湾地区的所有合格企业给予同等的竞争机会;

(3)通过在招标和签署合同时采取优惠措施鼓励借款国发展本国制造商和承包商(评标时,借款国的承包商享受有7.5%的优惠)。

凡有世界银行参与投资或提供优惠贷款的项目,通常采用以下方式发包:国际竞争性招标(亦称国际公开招标)、国际有限招标(包括特邀招标)、国内竞争性招标、国际或国内选购、直接购买、政府承包或自营方式。

凡按世界银行规定的方式进行国际竞争性招标的工程,必须以国际咨询工程师联合会(FIDIC)制定的条款为管理项目的指导原则,而且承发包双方还要执行由世界银行颁发的三个文件,即:世界银行采购指南;国际土木工程建筑合同条款;世界银行监理指南。世界银行推行的做法已被世界大多数国家作为模式。

(二)英联邦地区的做法

英联邦地区在许多涉外工程项目的承发包方法,基本照搬英国做法。

英国土木工程师协会(ICE)合同条件常设委员会认为:国际竞争性招标浪费时间和资金,效率低下,常常以无结果而告终,导致很多承包商白白浪费钱财和人力。他们不欣赏这种公开的招标,相比之下,选择性招标即国际有限招标则在各方面都能产生最高效益和经济效益。因此英联邦地区所实行的主要招标方式是国际有限招标。

实行国际有限招标通常按以下步骤进行:

(1)对承包商进行资格预审,以编制一份有资格接受邀请书的公司名单。被邀请参加预审的公司提交其适用该类工程所在地区周围环境的有关经验的详情,尤其是承包商的财务状况,技术和组织能力及一般经验和履行合同的记录。

(2)招标部门保留一份常备的经批准的承包商名单。这份常备名单并非一成不变,根据实践中对新老承包商的了解加深,不断更新,这样可使业主在拟定委托项目时心中有数。

（3）规定预选投标者的数目，一般情况下，被邀请的投标者数目为 4~8 家，项目规模越大，邀请的投标者越少，在投标竞争中强调完全公平的原则。

（4）初步调查。在发出标书之前，先对其保留的名单上的拟邀请的承包商进行调查。一旦发现某家承包商无意投标，立即换上名单中的另一家代替之，以保证所要求投标者的数目。英国土木工程师协会认为承包商谢绝邀请是负责任的表现。这一举动并不会影响其将来的投标机会，在初步调查过程中，招标单位应对工程进行详细介绍，使可能的投标人能够估量工程的规模和造价概算，所提供的信息应包括场地位置、工程性质、预期开工日、主要工程量，并提供所有的具体特征的细节。

（三）法语地区的招标方式

与世界大部分地区的招标做法有所不同，法语地区的招标有两大方式：拍卖式，其最大的特点就是以报价作为判断的唯一标准，原则就是自动判标，包括公开拍卖招标和有限拍卖招标；询价式，所涉及的工程项目一般比较复杂，规模较大，涉及面广，不仅要求承包商报价优惠，而且在其他诸如技术、工期及外汇支付比例等方面也有较严格的要求，包括公开询价式招标和有限询价式招标。

（四）独联体地区的做法

除少数国家重点工程及外来资金援助工程采用国际公开招标，绝大多数工程采用议标做法。

案例分析题

[案例背景]

某市越江隧道工程全部由政府投资。该项目为该市建设规划的重点项目之一，且已列入地方年度固定资产计划，概算已经主管部门批准，征地工作尚未全部完成，施工图及有关技术资料齐全。现决定对该项目进行施工招标。因估计除本市施工企业参加投标外，还可能有外省市施工企业参加投标，故业主委托咨询单位编制了两个标底，准备分别用于对本市和外省市施工企业投标价的评定。业主对投标单位就招标文件所提出的问题统一作了书面答复，并以备忘录的形式分发给投标单位，为简明起见，采用表格形式如表。

招标文件答疑备忘录

序号	问题	提问单位	提问时间	答复
1				
...				
n				

在书面答复投标单位的提问后，业主组织各投标单位进行了施工现场勘查。在投标截止日期前 10 日，业主书面通知各投标单位，由于某种原因，决定将收费站工程从原招标范围内删除。

分析问题如下：

1. 该项目的标底应采用的编制方法，简述其理由。

2. 业主对投标单位进行资格预审应包括的内容。

3. 找出该项目施工招标存在问题或不当之处，请逐一说明。

第四章　工程项目投标

[学习重点]　掌握工程施工投标组织、程序、主要环节及投标文件的编制;掌握投标竞争与策略;了解国际工程项目施工投标及工程项目电子招投标等专业知识。

第一节　概　　述

一、投标人及其条件

投标人是响应招标、参加投标竞争的法人或者其他组织。投标人应具备下列条件:

(1)投标人应具备承担招标项目的能力,国家有关规定或者招标文件对投标人资格条件有规定的,投标人应当具备规定的技术、人员、资金等资格条件。

(2)投标人应当按照招标文件的要求编制投标文件,投标文件应当对招标文件提出的要求和条件做出实质性响应。

投标文件的内容应当包括拟派出的项目负责人与主要技术人员的简历、业绩和拟用于完成招标项目的机械设备等。

(3)投标人应当在招标文件所要求提交投标文件的截止时间前,将投标文件送达投标地点。招收人收到投标文件后,应当签收保存,不得开启。

招标人对招标文件要求提交投标文件的截止时间后收到的投标文件,应当原样退还,不得开启。

(4)投标人在招标文件要求提交投标文件的截止时间前,可以补充、修改或者撤回已提交的投标文件,并书面通知招标人。补充、修改的内容为投标文件的组成部分。

(5)投标人根据招标文件载明的项目实际情况,拟在中标后将中标项目的部分非主体、非关键性工作交由他人完成的,应当在投标文件中载明。

(6)两个以上法人或者其他组织可以组成一个联合体,以一个投标人的身份共同投标。

联合体各方均应当具备承担招标项目的相应能力;国家有关规定或者招标文件对投标人资格条件有规定的,联合体各方均应当具备规定的相应资格条件。由同一专业的单位组成的联合体,按照资质等级较低的单位确定资质等级。联合体各方应当签订共同投标协议,明确约定各方拟承担的工作和相应的责任,并将共同投标协议连同投标文件一并提交招标人。联合体中标的联合体各方应当共同与招标人签订合同,就中标项目向招标人承担连带责任,但是共同投标协议另有约定的除外。

招标人不得强制投标人组成联合体共同投标,不得限制投标人之间的竞争。

(7)投标人不得相互串通投标报价,不得排挤其他投标人的公平竞争,损害招标人或者他人的合法权益。

(8)投标人不得以低于合理预算成本的报价竞标,也不得以他人名义投标或者以其他方式弄虚作假,骗取中标。所谓合理预算成本,即按照国家有关成本核算的规定计算的成本。

二、投标的组织

进行工程投标,需要有专门的机构和人员对投标的全部活动过程加以组织和管理,实践证明,建立一个强有力的、内行的投标班子是投标获得成功的根本保证。

在工程承包招标投标竞争中,对于业主来说,招标就是择优。由于工程的性质和业主的评价标准的不同,择优可能有不同的侧重面,但一般包含如下4个主要方面:即较低的价格、先进的技术、优良的质量、较短的工期。业主通过招标,从众多的投标者中进行评选,既要从其突出的侧重面进行衡量,又要综合考虑上述4个方面的因素,最后确定中标者。

对投标人来说,参加投标就面临一场竞争。不仅比报价的高低,而且比技术、经验、实力和信誉。特别是在当前国际承包市场上,越来越多的是技术密集型工程项目,势必要给投标人带来两方面的挑战。一方面是技术上的挑战,要求投标人具有先进的科学技术,能够完成高、新、尖、难工程;另一方面是管理上的挑战,要求投标人具有现代先进的组织管理水平。

为迎接技术和管理方面的挑战,在竞争中取胜,投标人的投标班子应该由如下三种类型的人才组成:一是经营管理类人才;二是技术专业类人才;三是商务金融类人才。

所谓经营管理类人才,是指专门从事工程承包经营管理、制定和贯彻经营方针与规划,负责工作的全面筹划和安排具有决策水平的人才,为此,这类人才应具备以下基本条件:

(1)知识渊博、视野广阔。经营管理类人员必须在经营管理领域有造诣,对其他相关学科也应有相当知识水平,熟悉经济规律,掌握管理思想。只有这样,才能全面地、系统地观察和分析问题。

(2)具备一定的法律知识和实际工作经验。该类人员应了解我国,乃至国际上有关的法律和国际惯例,并对开展投标业务所应遵循的各项规章制度有充分的了解。同时,丰富的阅历和实际工作经验,可以使投标人员具有较强的预测能力和应变能力,对可能出现的各种问题进行预测并采取相应的措施。

(3)必须勇于开拓,具有较强的思维能力和社会活动能力。渊博的知识和丰富的经验,只有与较强的思维能力结合,才能保证经营管理人员对各种问题进行综合、概括、分析,并做出正确的判断和决策。此外,该类人员还应具备较强的社会活动能力,积极参加有关的社会活动,扩大信息交流,不断地吸收投标业务工作所必需的新知识和情报。

(4)掌握一套科学的研究方法和手段,诸如科学的调查、统计、分析、预测的方法。

所谓专业技术人才,主要是指工程及施工中的各类技术人员,诸如建筑师、土木工程师、电气工程师、机械工程师等各类专业技术人员。他们应拥有本学科最新的专业知识,具备熟练的实际操作能力,以便在投标时能从本公司的实际技术水平出发,考虑各项专业实施方案。

所谓商务金融类人才,是指具有金融、贸易、税法、保险、采购、保函、索赔等专业知识的人才。财务人员要懂税收、保险、涉外财会、外汇管理和结算等方面的知识。

以上是对投标班子三类人员个体素质的基本要求。一个投标班子仅仅做到个体素质良好,往往是不够的,还需要各方的共同参与、协同作战,充分发挥群体的力量。管理之道刚柔相济,为此要运用好管理之要旨即决策计划要先行,组织指挥作保证,控制协调要及时,领导激励在其中。

除上述关于投标班子的组成和要求外,一个公司还需注意:保持投标班子成员的相对稳定,不断提高其素质和水平,对于提高投标的竞争力至关紧要;同时,逐步采用或开发有关投标报价的软件,使投标报价工作更加快速、准确。如果是国际工程(包含境内涉外工程)投标,则应配备懂得专业和合同管理的外语翻译人员。

三、工程联合承包的方式

联合承包,对于那些工程规模巨大或技术复杂,以及承包市场竞争激烈,而由一家公司总承包有困难的项目,可以由几家工程公司联合起来承包。以发挥各公司的特长和优势,降低报价,提高工程质量,缩短工期,赢得竞争能力。联合承包,可以是同一国家或地区的公司的国内联合,也可以是国际性的联合,即几个不同国家或地区的公司的联合,或是外国公司与工程项目所在国的公司进行联合。

国内联合,符合我国对外承包和劳务合作的"统一计划、统一政策、强强联合"的基本方针。这也是"一带一路"背景下我国工程企业走出去,对外开展承包和劳务合作的一项重要方针。目的之一就是要避免几家公司相互竞争,相互压价,损害国家和民族利益。

国际联合,是我国公司参与国际工程联包的主要手段之一。发生国际联合承包的契机是:

(1)必须与当地公司联合承包。有的国家规定,外国公司在本国经营工程承包必须与本国公司联合承包,以保护本国承包商利益,也促进本国公司技术及管理水平的提高。

(2)一家公司难以独立经营。由于工程量巨大,项目繁多,技术复杂,投资多等原因,一家公司难以独立经营。

(3)发挥联营各方优势,增强竞争力。如外国公司与当地公司联营,前者发挥自己的技术或管理专长,利用自己的声誉;后者利用自己对本国各项法律、法规熟悉,及在当地的社会关系和渠道,共同追求高经济效益。

国际联合承包的主要方式有:

(1)工程项目合营公司。这种公司仅限于某一项特定工程项目,由国家国际工程承包公司进行联合承包。该项工程承包任务结束,清理完合营期间的财务账目,或者该项工程承包联合投标失败,这项合营也就终结。因此,它是一种松散型的联合。由于这种方式仅限于一项工程,风险相对较小;关于积累、管理、期限等问题也较易协商达成一致,易于处理。因而,它是比较常见的一种联合承包方式。单项工程合营可以按投资比例联合,也可以就该项承包中的义务和职责进行分工,并据此分享权利、利润和分担风险。项目总管理由双方共同组成管理机构负责。在投标方面,属于联合投标,需注意的是:对于中标后按单项工程分别承包的合作关系,双方往往对自己负责的标价部分提出高价,要求对方报价压低。为此,事先应商定双方报价方法,以减少矛盾。

(2)合资公司。合资公司是由两个或几个公司共同出资成立具有法人资格的承包公司,属于紧密型的联合。这种合资公司具有长远的目标,不是为承包某一项具体工程而组织的。因此,组织这种公司的各方都应当十分谨慎。在合资前应当对政治形势、经济状况、各方的资信情况、注册国的政策法律对投资的保障、各类风险和经济效益等进行切实的调查分析,并研究其发展前景。另外,还要研究和拟订完善的合资公司章程,办理各种合法的手续。

(3)联合集团。由两家或多家联合在一起投标和承包一项乃至多项工程。联合集团是一种松散型的联合,各参加的公司在其分工负责的范围内具有相对的独立性。可以依各成员公司的特长资源进行分工,并实施工程。各成员公司的义务、权利和责任都定在联合集团的章程中。

国际联合承包工程带来了劳务、资本和科学技术的国际协作。从宏观来看,他有助于促进有关各国的经济往来和密切关系;从微观来看,有助于各公司取长补短,争取中标和盈利。

第二节 投 标 程 序

一、投标程序

已经具备投标资格并愿意投标的投标人,可按图4.1步骤进行投标。

二、投标过程

投标过程是指从填写资格预审表开始,到将正式投标文件送交业主为止所进行的全部工作。

(一)资格预审

资格预审能否通过是承包商投标过程中的第一关。投标人申报资格预审时应注意的事项如下:

首先,应注意平时对一般资格预审的有关资料的积累工作。并储存在计算机内,到针对某个项目填写资格预审调查表时,再将有关资料调出来,并加以补充完善。如果平时不积累资料,完全靠临时填写,则往往会达不到业主要求而失去机会。

其次,加强填表时的分析,既要针对工程特点,下功夫填好重点部位。又要反映出本公司的施工经验、施工水平和施工组织能力。这往往是业主考虑的重点。

第三,在投标决策阶段,研究并确定今后本公司发展的地区和项目时,注意收集信息。

如果有合适的项目,及早动手作资格预审的申请准备,可以参照介绍的亚洲开发银行的评分办法给自己公司评分。这样可以及早发现问题。如果发现某个方面的缺陷(如资金、技术水平、经验年限等)是本公司自知不可以解决的,则应考虑寻找适宜的伙伴,组成联营体来参加资格预审。

第四,做好递交资格预审表后的跟踪工作,如果是国外工程可通过当地分公司或代理人,以便及时发现问题,补充资料。

(二)投标前的调查与现场考察

这是投标前极其重要的一步准备工作。如果在前述的投标决策的前期阶段对拟去的地区进行了较为深入的调查研究,则拿到招标文件后就只需进行有针对性的补充调查了。否则,应进行全面的调查研究。

现场考察主要指的是去工地现场进行考察。招标单位一般在招标文件中要注明现场考察的时间和地点,在文件发出后就应安排投标者进行现场考察的准备工作。

施工现场考察是投标者必须经过的投标程序。按照国际惯例,投标者提出的报价单一般被认为是在现场考察的基础上编制报价的。一旦报价单提出之后,投标者就无权因为现场考察不周,情况了解不细或者因素考虑不全面而提出修改投标、调整报价或提出补偿等要求。

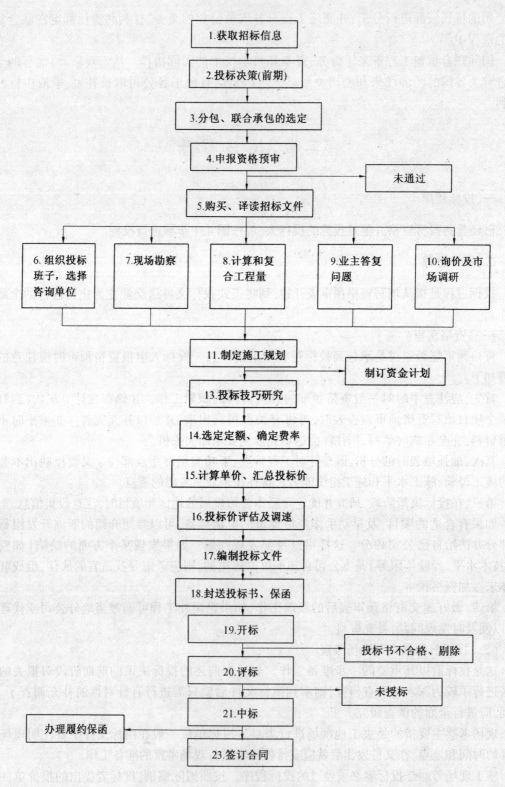

图 4.1　投标工作程序图

现场考察既是投标者的权利又是他的职责。因此,投标者在报价以前必须认真地进行施工现场考察,全面地、仔细地调查了解工地及其周围的政治、经济、地理等情况。

现场考察之前,应先仔细地研究招标文件,特别是文件中的工作范围、专用条款,以及设计图纸和说明,然后拟定出调研提纲,确定重点要解决的问题,做到事先有准备,因有时业主只组织投标者进行一次工地现场考察。

现场考察费用均由投标者自费进行。

进行现场考察应从下述五个方面调查了解:

(1)工程的性质以及和其他工程之间的关系;

(2)投标人投标的那一部分工程与其他承包商或分包商之间的关系;

(3)工地地貌、地质、气候、交通、电力、水源等情况,有无障碍物等;

(4)工地附近有无住宿条件,料场开采条件,其他加工条件,设备维修条件等;

(5)工地附近治安情况。

(三)分析招标文件、校核工程量、编制施工规划

(1)分析招标文件。招标文件是投标的主要依据,因此应该仔细地分析研究。研究招标文件,重点应放在投标者须知、合同条件、设计图纸、工程范围以及工程量表上,最好有专人或小组研究技术规范和设计图纸;弄清其特殊要求。

(2)校核工程量。对于招标文件中的工程量清单,投标者一定要进行校核,因为它直接影响投标报价及中标机会,例如当投标人大体上确定了工程总报价之后,对某些项目工程量可能增加的,可以提高单价;而对某些项目工程量估计会减少的,可以降低单价。

如发现工程量有重大出入的,特别是漏项的,必要时可找招标人核对,要求招标人认可,并给予书面证明,这对于总价固定合同,尤为重要。

(3)编制施工规划。该工作对于投标报价影响很大。

在投标过程中,必须编制全面的施工规划,但其深度和广度都比不上施工组织设计,如果中标,再编制施工组织设计。

施工规划的内容:一般包括施工方案和施工方法、施工进度计划、施工机械、材料、设备和劳动力计划,以及临时生产、生活设施。制定施工规划的依据是设计图纸,执行的规范,经复核的工程量,招标文件要求的开工、竣工日期以及对市场材料、机械设备、劳力价格的调查。编制的原则是在保证工期和工程质量的前提下,如何使成本最低,利润最大。

①选择和确定施工方法。根据工程类型,研究可以采用的施工方法。对于一般的土方工程、混凝土工程、房建工程、灌溉工程等比较简单的工程,可结合已有施工机械及工人技术水平来选定实施方法,努力做到节省开支,加快进度。

对于大型复杂工程则要考虑几种施工方案,进行综合比较。如水利工程中的施工导流方式,对工程造价及工期均有很大影响,投标人应结合施工进度计划及能力进行研究确定。又如地下工程(开挖隧洞或洞室),则要进行地质资料分析,确定开挖方法(用掘进机,还是钻孔爆破法……)确定支洞、斜井、竖井数量和位置,以及出渣方法、通风方式等。

②选择施工设备和施工设施,一般与研究施工方法同时进行。在工程估价过程中还要不断进行施工设备和施工设施的比较,利用旧设备还是采购新设备,在国内采购还是在国外采购,须对设备的型号、配套、数量(包括使用数量和备用数量)进行比较,还应研究哪些类型的机械可以采用租赁办法,对于特殊的、专用的设备折旧率须进行单独考虑,订货设备清单中还应考虑辅助和修配机械以及备用零件,合理存贮,尤其是订购外国机械时应特别注意这一点。

③编制施工进度计划。编制施工进度计划应紧密结合施工方法和施工设备。施工进

度计划中应提出各时段应完成的工程量及限定日期。施工进度计划是采用网络进度计划还是线条进度计划,根据招标文件要求而定。在投标阶段,一般用线条进度即可满足要求。

（四）投标报价的计算

投标报价计算包括定额分析、单价分析、计算工程成本、确定利润方针、最后确定标价。这部分内容将在实习、实践中学习应用相关工程软件,并详细分析。

（五）编制投标文件

编制投标文件也称填写投标书,或称编制报价书。

投标文件应完全按照招标文件的各项要求编制。一般不能带任何附加条件,否则将导致投标作废。

（六）准备备忘录提要

招标文件中一般都有明确规定,不允许投标者对招标文件的各项要求进行随意取舍、修改或提出保留。但是在投标过程中,投标人对招标文件反复深入地进行研究后,往往会发现很多问题,这些问题大体可分为三类:

第一类是对投标人有利的,可以在投标时加以利用或在以后提出索赔要求的,这类问题投标者一般在投标时是不提的。

第二类是发现的错误明显对投标人不利的,如总价包干合同工程项目漏项或是工程量偏少的,这类问题投标人应及时向业主提出质疑,要求业主更正。

第三类问题是投标者企图通过修改某些招标文件和条款或是希望补充某些规定,以使自己在合同实施时能处于主动地位的问题。

上述问题在准备投标文件时应单独写成一份备忘录提要。但这份备忘录提要不能附在投标文件中提交,只能自己保存。第三类问题留待合同谈判时使用,也就是说,当该投标使招标人感兴趣,邀请投标人谈判时,再把这些问题根据当时情况,一个一个地拿出来谈判,并将谈判结果写入合同协议书的备忘录中。

（七）递送投标文件

递送投标文件也称递标。是指投标人在规定的截止日期之前,将准备妥的所有投标文件密封递送到招标单位的行为。

对于招标单位,在收到投标人的投标文件后,应签收或通知投标人已收到其投标文件,并记录收到日期和时间。同时,在收到投标文件到开标之前,所有投标文件均不得启封,并应采取措施确保投标文件的安全。

除了上述规定的投标书外,投标者还可以写一封更为详细的致函,对自己的投标报价作必要的说明,以吸引招标人、咨询工程师和评标委员会对递送这份投标书的投标人感兴趣和有信心。例如,关于降价的决定,说明编完报价单后考虑到同业主友好的长远合作的诚意,决定按报价单的汇总价格无条件地降低某一个百分比,即总价降到多少金额,并愿意以这一降低后的价格签订合同。又如若招标文件允许替代方案,并且投标人又制定了替代方案,可以说明替代方案的优点,明确如果采用替代方案,可能降低或增加的标价。还应说明愿意在评标时,同业主或咨询公司进行进一步讨论,使报价更为合理,等等。

第三节　投标决策与技巧

一、投标决策的含义

投标人要想在投标中获胜，又要从承包工程中赢利，就需要研究投标决策的问题。所谓投标决策，包括三方面内容：其一，针对项目招标是投标，还是不投标；其二，倘若去投标，是投什么性质的标；其三，投标中如何采用以长制短，以优胜劣的策略和技巧。投标决策的正确与否，关系到能否中标和中标后的效益；关系到施工企业的发展前景和职工的经济利益。因此，企业的决策班子必须充分认识到投标决策的重要意义。

二、投标决策阶段的划分

投标决策可以分为两阶段进行。这两阶段就是投标决策的前期阶段和投标决策的后期阶段。

投标决策的前期阶段必须在购买投标人资格预审资料前后完成。决策的主要依据是招标广告，以及公司对招标工程、业主情况的调研和了解的程度，如果是国际工程，还包括对工程所在国和工程所在地的调研和了解程度。前期阶段必须对投标与否做出论证。通常情况下，下列招标项目应放弃投标：

(1)本施工企业主管和兼营能力之外的项目；

(2)工程规模、技术要求超过本施工企业技术等级的项目；

(3)本施工企业生产任务饱满，则招标工程的盈利水平较低或风险较大的项目；

(4)本施工企业技术等级、信誉、施工水平明显不如竞争对手的项目。

如果决定投标，即进入投标决策的后期，它是指从申报资格预审至投标报价(封送投标书)前完成的决策研究阶段。主要研究倘若去投标，是投什么性质的标，以及在投标中采取的策略问题。

按性质分，投标有风险标和保险标；按效益分，投标有盈利标和保本标。

风险标：明知工程承包难度大、风险大，且技术、设备、资金上都有未解决的问题，但由于队伍窝工，或因为工程盈利丰厚，或为了开拓新技术领域而决定参加投标，同时设法解决存在的问题，即是风险标。投标后，如问题解决得好，可取得较好的经济效益，可锻炼出一支好的施工队伍，使企业更上一层楼；解决得不好，企业的信誉就会受到损害，严重者可能导致企业亏损以至破产。因此，投风险标必须审慎从事。

保险标：对可以预见的情况从技术、设备、资金等重大问题都有了解决的对策之后再投标，谓之保险标。企业经济实力较弱，经不起失误的打击，则往往投保险标。当前，我国施工企业多数都愿意投保险标，特别是在国际工程承包市场上投保险标。

盈利标：如果招标工程既是本企业的强项，又是竞争对手的弱项；或建设单位意向明确，或本企业任务饱满，利润丰厚，才考虑让企业超负荷运转时，此种情况下的投标，称投盈利标。

保本标：当企业无后继工程，或已经出现部分窝工，必须争取中标。但招标的工程项目本企业又无优势可言，竞争对手又多，此时，就是投保本标，至多投薄利标。

需要强调的是在考虑和做出决策的同时，必须牢记招标投标活动应当遵循公开、公平、公正和诚实信用的原则。

按照《招标投标法》规定：投标人相互串通投标报价，排挤其他投标人的公平竞争，损害招标人、其他投标人的合法权益的；或者投标人与招标人串通投标，损害国家利益、社会公共利益或者他人合法权益的，中标无效，处中标项目金额5%以上10%以下的罚款，对单位直接负责的主管人员和其他直接责任人员处单位罚款数额5%以上10%以下的罚款；有违法所得的，并处没收违法所得；情况严重的，取消其一年至一年内参加依法必须进行招标的项目的投标资格并予以公告，直至由工商行政管理机关吊销营业执照，构成犯罪的，依法追究刑事责任。给他人造成损失的，依法承担赔偿责任。投标人以低于合理预算成本的报价竞标的责令改正；有违法所得的，处以没收违法所得；已中标的，中标无效。

三、影响投标及报价决策的主观因素

"知己知彼，百战不殆"。工程招投标决策研究就是知己知彼的研究。这个"彼"就是影响投标决策的客观因素，"己"就是影响投标决策的主观因素。

投标商要想在投标中获胜，即中标得到承包工程，然后又要从承包工程中赢利，就需要研究投标策略，它包括投标策略和作价技巧。"策略""技巧"来自承包商的经验积累，对客观规律的认识和对实际情况的了解，同时也少不了决策的能力和魄力。

投标或弃标，首先取决于投标单位的实力，主要表现如下：技术方面的实力、经济方面的实力、管理方面的实力、信誉方面的实力。首先要认真体会管理的16字精髓：决策、计划要先行；组织、指挥作保障；控制、协调要及时；领导、激励在其中。要从本企业的主观条件，即各项自身的业务能力和能否适应投标工程的要求进行衡量。

应主要考虑：

(1)工人和技术人员的操作技术水平；

(2)机械设备能力；

(3)设计能力；

(4)对工程的熟悉程度和管理经验；

(5)竞争的激烈程度；

(6)器材设备的交货条件；

(7)得标承包后对今后本企业的影响；

(8)以往对类似工程的经验。

如通过上述各项因素的综合分析，大部分的条件都能胜任者，即可初步做出可以投标的判断。国际上通常先根据经验、统计，规定可以投标的最低总分，再针对具体工程评定各项因素的加权综合总分，与"最低总分"比较，如超过时则可做出可以投标的判断。

四、影响投标及报价决策的客观因素

还须了解企业自身以外的各种因素，即客观因素，主要有：

(1)工程的全面情况。包括图纸和说明书，现场地上、地下条件，如地形、交通、水源、电源、土壤地质、水文、气象等。这些都是拟订施工方案的依据和条件。

(2)业主及其代理人（工程师）的基本情况。包括资历、业务水平、工作能力、个人的性格和作风等。这些都是有关今后在施工承包结算中能否顺利进行的主要因素。业主的合法地位、支付能力、履约能力；监理工程师处理问题的公正性、合理性等，也是投标决策的影

响因素。

（3）劳动力的来源情况。如当地能否招募到比较廉价的工人、以及当地工会对承包商在劳务问题上能否合作的态度。

（4）建筑材料、机械设备等的供应来源、价格、供货条件以及市场预测等情况。

（5）专业分包，如卫生、空调、电气、电梯等的专业安装力量情况。

（6）银行贷款利率、担保收费、保险费率等与投标报价有关的因素。

（7）当地各项法规，如企业法、合同法、劳动法、关税、外汇管理法、工程管理条例以及技术规范等。对于国内工程承包，自然适用本国的法律和法规。而且，其法制环境基本相同。因为，我国的法律、法规具有统一或基本统一的特点。随着"亚洲基础设施投资银行"的确立，"一带一路"国家战略的推进，我国工程企业"走出去"战略的实施，如果是国际工程承包，则有一个法律适用问题。法律适用的原则有5条：

①强制适用工程所在地法的原则；

②意思自治原则；

③最密切联系原则；

④适用国际惯例原则；

⑤国际法效力优于国内法效力的原则。

其中，所谓"最密切联系原则"是指与投标或合同有最密切联系的因素作为客观标志，并以此作为确定准据地的依据。至于最密切联系因素，在国际上主要有投标或合同签订地法、合同履行地法、法人国籍所属国的法律、债务人住所地法律、标的物所在地法律、管理合同争议的法院或仲裁机构所在地的法律等。事实上，多数国家是以上述诸因素中的一种因素为主，结合其他因素进行综合判断的。

如很多国家规定，外国承包商或公司在本国承包工程，必须同当地的公司成立联营体才能承包该项目的工程。因此，我们对合作伙伴需作必要的分析，具体来说是对合作者的信誉、资历、技术水平、资金、债权与债务等方面进行全面的分析，然后再决定投标还是弃标。

又如外汇管制情况。外汇管制关系到承包公司能否将在当地所获外汇收益转移回国的问题。目前，各国管制法规不一，有的规定，可以自由兑换、汇出，基本上无任何管制；有的规定，则有一定限制，必须履行一定的审批手续；有的规定，外国公司不能将全部利润汇出，而是在缴纳所得税后其剩余部分的50%可兑换成自由外汇汇出，其余50%只能在当地用作扩大再生产或再投资。这是在该类国家承包工程必须注意的"亏汇"问题。

（8）竞争对手的情况。包括企业的历史、信誉、经营能力、技术水平、设备能力、以往投标报价的价格情况和经常采用的投标策略等。是否投标，应注意竞争对手的实力、优势及投标环境的优劣情况。另外，竞争对手的在建工程情况也十分重要。如果对手的在建工程即将完工，可能急于获得新承包项目心切，投标报价不会很高；如果对手在建工程规模大、时间长，如仍参加投标，则标价可能很高。从总的竞争形势来，大型工程的承包公司技术水平高，善于管理大型复杂工程，其适应性强，可以承包大型工程；中小型工程由中小型工程公司或当地的工程公司承包可能性大。因为，当地中小型公司在当地有自己熟悉的材料、劳力供应渠道；管理人员相对比较少，有自己惯用的特殊施工方法等优势。

对以上这些客观情况的了解，除了有些可以从招标文件和业主对招标工程的介绍、勘察现场获得外，必须通过广泛的调查研究、询价、社交活动等多种渠道才能获得。在某些国家甚至通过收买代理人偷窃标底和其他承包商的情报等,也是司空见惯的。

(9)风险问题。在国内承包工程,其风险相对要小一些,对国际承包工程则风险要大得多。

投标与否,要考虑的因素很多,需要投标人广泛、深入地调查研究,系统地积累资料,并做出全面的分析,才能使投标做出正确决策。

决定投标与否,更重要的是它的效益性。投标人应对承包工程的成本、利润进行预测和分析,以供投标决策之用。

五、投标策略

当充分分析了以上主客观情况,对某一具体工程认为值得投标后,这就需确定采取一定的投标策略,以达到有中标机会,今后又能赢利的目的。常见的投标策略有以下几种:

1. 靠提高经营管理水平取胜

这主要根据做好施工组织设计,采取合理的施工技术和施工机械,精心采购材料、设备,选择可靠的分包单位,安排紧凑的施工进度,力求节省管理费用等等,从而有效地降低工程成本而获得较大的利润。

2. 靠改进设计和缩短工期取胜

即仔细研究原设计图纸,发现有不够合理之处,提出能降低造价的修改设计建议,以提高对业主的吸引力。另外,据缩短工期取胜,即比规定的工期有所缩短,达到早投产,早收益,有时甚至标价稍高,对业主也是很有吸引力的。

3. 低利政策

主要适用于承包任务不足时,与其坐吃山空,不如以低利承包到一些工程,还是有利的。此外,承包商初到一个新的地区,为了打入这个地区的承包市场建立信誉,也往往采用这种策略。

4. 加强索赔管理

有时虽然报价低,却着眼于施工索赔,还能赚到高额利润。如国际上某些大的承包企业就常用这种方法,有时报价甚至低于成本。以高薪雇佣 1 ~ 2 名索赔专家,千方百计地从设计图纸、标书、合同中寻找索赔机会。一般索赔金额可达 10% ~ 20%。

5. 着眼于发展

为争取将来的优势,而宁愿目前少盈利。承包商为了掌握某种有发展前途的工程施工技术(如建造核电站的反应堆或海洋工程等),就可能采用这种策略。这是一种较有远见的策略。

以上这些策略不是互相排斥的,根据具体情况,可以综合灵活运用。

六、投标作价技巧

投标策略一经确定,就要具体反映到作价上,但是作价还有其自己的技巧。两者必须相辅相成。投标技巧研究,其实是在保证工程质量与工期条件下,寻求一个好的报价的技巧问题。投标人为了中标并获得期望的效益,投标程序全过程几乎都要研究投标报价技巧问题。

如果以投标程序中的开标为界,可将投标的技巧研究分为两阶段,即开标前的技巧研究和开标至签订合同的技巧研究。

（一）开标前的投标技巧研究

1. 不平衡报价

不平衡报价,指在总价基本确定的前提下,如何调整内部各个子项的报价,以期既不影响总报价,又在中标后投标人可尽早收回垫支于工程中的资金和获取较好的经济效益。但要注意避免畸高畸低现象,避免失去中标机会。通常采用的不平衡报价有下列几种情况:

（1）对能早期结账收回工程款的项目（如土方、基础等）的单价可报以较高价,以利于资金周转;对后期项目（如装饰、电气设备安装等）单价可适当降低。

（2）估计今后工程量可能增加的项目,其单价可提高,而工程量可能减少的项目,其单价可降低。

但上述两点要统筹考虑。对于工程量数量有错误的早期工程,如不可能完成工程量表中的数量,则不能盲目抬高单价,需要具体分析后再确定。

（3）图纸内容不明确或有错误,估计修改后工程量要增加的,其单价可提高;工程内容说明不清楚的,单价可降低。这样做有利于以后的索赔。

（4）没有工程量只填报单价的项目（如疏浚工程中的开挖淤泥工作等）,其单价宜高。因为它不在投标总价之内。这样做既不影响投标总价,以后发生时又可获利。

（5）对于暂定项目,其实施的可能性大的项目,价格可定高价;估计该工程不一定实施的可定低价。

（6）对施工条件差的工程（如场地窄小或地处交通要道等）,造价低的小型工程,自己施工上有专长的工程以及由于某些原因自己不想干的工程,报价可高一些,结构比较简单而工程量又较大的工程（如成批住宅区和大量土方工程等）,短期能突击完成的工程,企业急需拿到任务以及投标竞争对手较多时,报价可低一些。

（7）海港、码头、特殊构筑物等工程报价可高,一般房屋土建工程则报价宜低。

（8）零星用工（计日工）一般可稍高于工程单价表中的工资单价,之所以这样做是因为零星用工不属于承包有效合同总价的范围,发生时实报实销,也可多获利。

2. 多方案报价法

多方案报价法是利用工程说明书或合同条款不够明确之处,以争取达到修改工程说明书和合同为目的的一种报价方法。当工程说明书或合同条款有些不够明确之处时,往往使投标人承担较大风险。为了减少风险就必须扩大工程单价。增加"不可预见费",但这样做又会因报价过高而增加被淘汰的可能性。多方案报价法就是为对付这种两难局面而出现的。其具体做法是在标书上报两价目单价,一是按原工程说明书合同条款报一个价,二是加以注解,"如工程说明书或合同条款可作某些改变时",则可降低多少费用,使报价成为最低,以吸引业主修改说明书和合同条款。

还有一种方法是对工程中一部分没有把握的工作,注明按成本加若干酬金结算的办法。

但是,如有规定,政府工程合同的方案是不容许改动的,这个方法就不能使用。

（二）开标后的投标技巧研究

投标人通过公开开标这一程序可以得知众多投标人的报价。但低价并不一定中标,需要综合各方面的因素,反复阅审,经过议标谈判,方能确定中标人。若投标人利用议标谈判施展竞争手段,就可以变自己的投标书的不利因素为有利因素,大大提高获胜机会。

从招标的原则来看,投标人在标书有效期内,是不能修改其报价的。但是,某些议标谈判可以例外。在议标谈判中的投标技巧主要有：

1. 降低投标价格

投标价格不是中标的唯一因素，但却是中标的关键性因素。在议标中，投标者适时提出降价要求是议标的主要手段。需要注意的是：其一，要摸清招标人的意图，在得到其希望降低标价的暗示后，再提出降低的要求。因为，有些国家的政府关于招标的法规中规定，已投出的投标书不得改动任何文字。若有改动，投标即告无效。其二，降低投标价要适当，不得损害投标人自己的利益。

降低投标价格可从以下三方面入手，即降低投标利润、降低经营管理费和设定降价系数。

投标利润的确定，通常投标人准备两个价格，即准备了应付一般情况的适中价格，又同时准备了应付竞争特殊环境需要的替代价格，它是通过调整报价利润所得出的总报价。

经营管理费，应该作为间接成本进行计算。为了竞争的需要也可以降低这部分费用。

降低系数，是指投标人在投标作价时，领先考虑一个未来可能降价的系数。如果开标后需要降价竞争，就可以参照这个系数进行降价。

2. 补充投标优惠条件

除中标的关键因素——价格外，在议标谈判的技巧中，还可以考虑其他许多重要因素，如缩短工期，提高工程质量，降低支付条件要求，提出新技术和新设计方案，以及提供补充物资和设备等，以此优惠条件争取得到招标人的赞许，争取中标。

第四节　投标文件的编制内容及要求

一、投标文件的编制

投标文件是承包商参与投标竞争的重要凭证；是评标、决标和订立合同的依据；是投标人素质的综合反映和投标人能否取得经济效益的重要因素，可见、投标人应对编制投标文件的工作倍加重视。

1. 编制投标文件的准备工作

（1）组织投标班子，确定投标文件编制的人员。

（2）仔细阅读诸如投标须知、投标书附件等各个招标文件。

（3）投标人应根据图纸审核工程量表的分项、分部工程的内容和数量。如发现"内容""数量"有误时在收到招标文件 7 日内以书面形式向招标人提出。

（4）收集现行定额标准、取费标准及各类标准图集，并掌握政策性调价文件。

2. 投标文件编制

根据招标文件及工程技术规范要求，结合项目施工现场条件编制施工组织设计和投标报价书。

投标文件编制完成后应仔细核对和整理成册，并按招标文件要求进行密封和标志。

二、投标文件组成

（1）投标书。

（2）投标书附件。

（3）投标保证金。

（4）法定代表人资格证明书。

（5）授权委托书。

（6）具有标价的工程量清单与报价表：随合同类型而异。单价合同中，一般将各项单价开列在工程量表上，有时业主要求报单价分析表，则需按招标文件规定在主要的或全部单价中附上单价分析表。

（7）施工规划：列出各种施工方案（包括建议的新方案）及其施工进度计划表，有时还要求列出人力安排计划的直方图。

（8）辅助资料表。

（9）资格审查表。

（10）对招标文件中的合同协议条款内容的确认和响应。

（11）按招标文件规定提交的其他资料。

第五节　投标报价

一、投标报价的组成

国内工程投标报价的组成和国际工程的投标报价基本相同，但每项费用的内容则比国际工程投标报价少而简单。各部门对项目分类也稍有不同，但报价的费用组成与现行概（预）算文件中的费用构成基本一致，主要有直接费、间接费、计划利润、税金以及不可预见费等，但投标报价和工程概（预）算是有区别的。工程概（预）算文件必须按照国家有关规定编制，尤其是各种费用的计算。必须按规定的费率进行，不得任意修改；而投标报价则可根据本企业实际情况进行计算，更能体现企业的实际水平。工程概（预）算文件经设计单位或施工单位编完后，必须经建设单位或其主管部门、建设银行等审查批准后才能作为建设单位与施工单位结算工程价款的依据；而投标报价可以根据施工单位对工程的理解程度，在预算造价上下浮动，无需预先送建设单位审核。国内工程投标报价费用的组成如下：

1. 直接费

直接费指在工程施工中直接用于工程实体上的人工、材料、设备和施工机械使用费等费用的总和。由人工费、材料费、设备费、施工机械费、其他直接费和分包项目费用组成。

2. 间接费

间接费是指组织和管理工程施工所需的各项费用，主要由施工管理费和其他间接费组成。其他间接费包括临时设施费、远程工程增加费等。

3. 利润和税金

利润和税金指按照国家有关部门的规定，建筑施工企业在承担施工任务时应计取的利润，以及按规定应计入建筑安装工程造价内的营业税，城市建设维护税及教育费附加。

4. 不可预见费

可由风险因素分析予以确定，一般在投标时可按工程总成本的 3%~5% 考虑。

二、投标报价单的编制

为规范我国建筑市场的交易行为，保证建设工程招标的公正性、公开性、公平性，维护建筑市场的正常秩序,本着与国际接轨的需求。建设部制定了《建设工程施工招标文件范本》,其组成包括《建设工程施工公开招标招标文件》《建设工程施工邀请招标招标文件》等9个文件。不同的招标类型其投标报价单的编制形式不同,下面仅介绍我国常见的两种招标类型:即公开招标和邀请招标的投标报价单的编制。

(一)建设工程施工工程量计价方式

建设工程施工工程量计价方式有两种:一种是工料单价方式;另一种是综合单价方式。

所谓综合单价的计价方式是指,综合了直接费、间接费、工程取费、有关文件规定的调价、材料差价、利润、税金、风险等一切费用的工程量清单的单价。而工料单价的计价方式是按照现行预算定额的工、料、机消耗标准及预算价格确定,作为直接费的基础。其他直接费、间接费、利润、有关文件规定的调价、材料差价、设备价、现场因素费用、施工技术措施费以及采用固定价格的工程所测算的风险费、税金等按现行的计算方法计取,计入其他相应报价表中。

在建设工程施工公开招标中,采用综合单价的计价方式,而在建设工程施工邀请招标中,上述两种计价方式均可采用。

(二)投标报价单的编制

1.建设工程施工公开招标的投标报价单的编制

包括:报价汇总表、工程量清单报价表、设备清单报价表、现场因素、施工技术措施及赶工措施费用报价表、材料清单及材料差价表。

2.建设工程施工公开招标的投标报价单的说明

(1)工程量清单应与投标须知、合同条件、合同协议书、技术规范和图纸一起使用。

(2)工程量清单所列的工程量系招标单位估算的和临时的,作为投标报价的共同基础。付款以实际完成的工程量为依据。由承包单位计量、监理工程师核准的实际完成工程量。

(3)工程量清单中所填入的单价与合价,应包括人工费、材料费、机械费、其他直接费、间接费、有关文件规定的调价、利润、税金以及现行取费中的有关费用、材料差价以及采用固定价格的工程所测算的风险等全部费用。

(4)工程量清单中的每一单项均需填写单价和合价,对没有填写单价或合价的项目的费用,应视为已包括在工程量清单的其他单价和合价中。

3.建设工程施工邀请招标的投标报价单的编制

(1)采用综合单价投标报价时:

①报价汇总表;

②工程量清单报价表;

③设备清单及报价表;

④现场因素、施工技术措施及赶工措施费用报价表;

⑤材料清单及材料差价表。

(2)采用工料单价投标报价时:

①报价汇总表;

②工程量清单报价汇总取费表;

③工程量清单报价表;

④材料清单及材料差价报价表;

⑤设备清单及报价表;

⑥现场因素、施工技术措施及赶工措施费用报价表。

4.建设工程施工邀请招标的投标报价单的说明

（1）采用综合单价投标报价时，所需说明内容同建设工程施工公开招标的投标报价单的说明2中所述。

（2）采用工程单价投标报价时，所需说明内容同2中的①②④，仅③不同其说明如下：

工程量清单中所填入的单价与合价，应按照现行预算定额的工、料、机消耗标准及预算价格确定，作为直接费的基础。其他直接费、间接费、利润、有关文件规定的调价、材料差价、设备价、现场因素费用、施工技术措施费以及采用固定价格的工程所测算的风险金、税金等按现行的计算方法计取，计入其他相应报价表中。

三、投标报价的宏观审核

投标承包工程，报价是投标的核心，报价正确与否直接关系到投标的成败。为了增强报价的准确性，提高中标率和经济效益，除重视投标策略，加强报价管理以外，还应善于认真总结经验教训，采取相应对策从宏观角度对承包工程总报价进行控制。可采用下列宏观指标和方法对报价进行审核。

（一）单位工程造价

房屋工程按平方米造价；铁路、公路按公里造价；铁路桥梁、隧道按每延米造价；公路桥梁按桥面平方米造价，等等。按照各个国家和地区的情况，分别统计、搜集各种类型建筑的单位工程造价，在新项目投标报价时，将之作为参考，控制报价。这样做，即方便又适用，又有益于提高中标率和经济效益。

（二）全员劳动生产率

全员劳动生产率即全体人员每工日的生产价值，这是一项很重要的经济指标，用之对工程报价进行宏观控制是很有效的，尤其当一些综合性大项目难以用单位工程造价分析时，显得更为有用。但非同类工程，机械化水平悬殊的工程，不能绝对相比，要持分析态度。

（三）单位工程用工用料正常指标

例如，我国铁路隧道施工部门根据所积累的大量施工经验，统计分析出各类围岩隧道的每延米隧道用工、用料正常指标；房建部门对房建工程每平方米建筑面积所需劳力和各种材料的数量也都有一个合理的指数，可据此进行宏观控制。国外工程也如此，常见的为房屋工程每平方米建筑面积主要用工用料量。

（四）各分项工程价值的正常比例

这是控制报价准确度的重要指标之一。例如一栋楼房，是由基础、墙体、楼板、屋面、装饰、水电、各种专用设备等分项工程构成的，它们在工程价值中都有一个合理的大体比例。国外房建工程，主体结构工程（包括基础、框架和砖墙三个分项工程）的价值约占总价的55%；水电工程约占10%；其余分项工程的合计价值约占35%。例如，某国一房建工程，各分项工程价值占总价的百分比如下：基础9.07%；钢筋混凝土框架37.09%；砖墙（非承重）9.54%；楼地面10.32%；装饰10.40%；屋面5.46%；门窗8.48%；上下水道4.96%；室内照明4.68%。

（五）各类费用的正常比例

任何一个工程的费用都是由人工费、材料设备费、施工机械费、间接费等各类费用组成的，它们之间都有一个合理的比例。国外工程一般是人工费占总价的15%～20%；材料设备费(包括运费)约占 45% ~ 65% ;机械使用费约占 10% ~ 30% ;间接费约占 25%。

（六）预测成本比较控制法

将一个国家或地区的同类型工程报价项目和中标项目的预测成本资料整理汇总贮存，作为下一轮投标报价的参考，可以此衡量新项目报价的得失情况。

（七）个体分析整体综合控制法

如修建一条铁路，这是包含线、桥、隧、站场、房屋、通信信号等个体工程的综合工程项目，应首先对本工程进行逐个分析，而后进行综合研究和控制。例如，某国铁路工程，每公里造价为 208 万美元，似乎大大超出常规造价，但经分析，此造价是线、桥、房屋、通信信号等个体工程的合计价格，其中线、桥工程造价 112 万美元/km，是个正常价格；房建工程造价 77 万美元/km，占铁路总价的 37% ，其比例似乎过高，但该房建工程不仅包括沿线车站等的房屋，还包括一个大货场的房建工程，每平方米的造价并不高。经上述一系列分析综合，认定该工程的价格是合理的。

（八）综合定额估算法

本法是采用综合定额和扩大系数估算工程的工料数量及工程造价的一种方法，是在掌握工程实施经验和资料的基础上的一种估价方法。一般说来，比较接近实际，尤其是在采用其他宏观指标对工程报价难以核准的情况下，该法更显出它较细致可靠的优点。其程序是：

（1）选控项目。任何工程报价的工程细目都有几十或几百项。为便于采用综合定额进行工程估算，首先将这些项目有选择地归类，合并成几种或几十种综合性项目，称"可控项目"，其价值约占工程总价的 75% ~ 80%。有些工程细目，工程量小、价值不大、又难以合并归类的，可不合并，此类项目称"未控项目"，其价值约占工程总价的 20% ~ 25%。

（2）编制综合定额。对上述选控项目编制相应的定额，能体现出选控项目用工用料的较实际的消耗量，这类定额称综合定额。综合定额应在平时编制完好，以备估价时使用。

（3）根据可控项目的综合定额和工程量，计算出可控项目的用工总数及主要材料数量。

（4）估测"未控项目"的用工总数及主要材料数量。该用工数量约占"可控项目"用工数量的 20% ~ 30% ;用料数量约占"可控项目"用料数量的 5% ~ 20%。为选好这个比率，平时做工程报价详细计算时，应认真统计"未控项目"与"可控项目"价值的比率。

（5）根据上述步骤（3）、（4），将"可控项目"和"未控项目"的用工总数及主要材料数量相加，求出工程总用工数和主要材料总数量。

（6）根据步骤（5）计算的主要材料数量及实际单价，求出主要材料总价。

（7）根据步骤（5）计算的总工数及劳务工资单价，求出工程总工费。

（8）工程材料总价 = 主要材料总价×扩大系数（约 1.5 ~ 2.5）。

选取扩大系数时，钢筋混凝土及钢结构等含钢量多，装饰贴面少的工程，应取低值；反之，应取高值。

（9）工程总价 = (总工费 + 材料总价)×系数。

该系数的取值，承包工程为 1.4 ~ 1.5，"经援"项目为 1.3 ~ 1.35。

上述办法及计算程序中所选用的各种系数仅供参考，不可盲目套用。

综合定额估算法，属宏观审核工程报价的一种手段，不能以此代表详细的报价资料，报价时仍应按招标文件的要求详细计算。

综合应用上述指标和办法，做到既有纵向比较，又有横向比较，还有系统的综合比较，再做些与报价有关的考察、调研,就会改善新项目的投标报价工作,减少和避免报价失误,取得中标承包工程的好成绩。

下面举一个综合定额估算法实例。

某三层住宅楼,建筑面积788.10 m²。钢筋混凝土框架结构,水泥砂浆空心砖填充墙,室内天棚及室内外墙面均抹水泥砂浆刷乳胶漆,釉面砖地面,木门,铝合金窗。

已知单价:18 美元/工日,水泥102 美元/t,砂子12 美元/m³,碎石23 美元/m³,水0.46 美元/t,钢筋568 美元/t,木材330 美元/m³。

根据已知条件,依据"综合定额估算法"估算工程总价。相关数据见表4.1。

表4.1　该项目综合定额估算用工及主要材料表

项目名称	直接生产工日		水泥/t		砂子/m³		碎石/m³		水/t		钢筋/t		木材/m³	
	定额	数量	定额	数量	定额	数量	定额	数量	定额	数量	定额	数量	定额	数量
合计	4.65	3 667	0.29	227	0.57	447	0.58	460	1.31	1 032	0.05	39	0.06	49
工程材料总价的扩大系数			2.2				工程总价的扩大系数					1.45		

根据已知条件,估算工程总价如下:

(1)工程总工日和主要材料数量可从表4.1获得。

(2)总人工费=3 667×18=66 006 美元。

(3)主要材料总价:

①水泥 227×102=23 154 美元;

②砂子 447×12=5 364 美元;

③碎石 460×23=10 580 美元;

④水 1 032×0.46=475 美元;

⑤钢筋 39×568=22 152 美元;

⑥木材 49×330=16 170 美元。

以上合计:77 895 美元。

(4)工程材料总价=77 895×2.2(扩大系数)=171 369 美元。

(5)工程总价=(66 006+171 369)×1.45(系数)=344 194 美元。

第六节　国际工程项目投标及电子招投标

一、时代背景

2013 年10 月2 日,据中国筹建倡议,2014 年10 月24 日,包括中国、印度、新加坡等在内21 个首批意向创始成员国的财长和授权代表在北京签约,共同决定成立亚洲基础设施投资银行(Asian Infrastructure Investment Bank,简称亚投行,AIIB)。

2015 年3 月12 日,英国正式申请加入亚投行,成为首个申请加入亚投行的主要西方国家。随后,法国、意大利、德国等西方国家纷纷以意向创始成员国身份申请加入亚投行。韩国、俄罗斯、巴西等域内国家和重要新兴经济体也纷纷申请成为亚投行的意向创始成员国。

截至 2015 年 4 月 15 日,亚投行意向创始成员国确定为 57 个,其中域内国家 37 个、域外国家 20 个。涵盖了除美、日和加拿大之外的主要西方国家,以及亚欧区域的大部分国家,成员遍及五大洲。其他国家和地区今后仍可以作为普通成员加入亚投行。

各方商定将于 2015 年年中完成亚投行章程谈判并签署,年底前完成章程生效程序,正式成立亚投行。

亚洲基础设施投资银行是一个政府间性质的亚洲区域多边开发机构,重点支持基础设施建设,总部设在北京。亚投行法定资本 1 000 亿美元。

"一带一路"建设成效凸显,中方制定了《推动共建丝绸之路经济带和 21 世纪海上丝绸之路的愿景与行动》文件;亚洲基础设施投资银行筹建迈出实质性步伐;同时丝路基金顺利启动,丝路基金定位为中长期开放性投资基金,致力于促进"一带一路"沿线国家和地区的经济社会发展和多边、双边互联互通。一批基础设施、互联互通项目稳步推进。

据预测,2010 年至 2020 年十年间,亚洲基础设施建设需要投入 8 万亿美元,而世界银行和亚行目前每年能够给亚洲国家提供的资金大概只有 200 亿美元,用于基础设施的数额也仅为这些资金的 40% ~50%。亚投行的项目非常具有针对性,有利于弥补亚洲国家在基础设施建设以及资金上的缺口,也是向国际提供的又一公共产品。有利于搭建地区性投融资平台,加强区域经济一体化的建设。

二、国际工程投标工作程序

国际工程投标(主要指施工投标)的工作程序大体上可分为四个主要过程,即工程项目的投标决策;投标前的准备工作;计算工程报价和投标文件的编制和发送。

（一）工程项目的投标决策

世界上几乎每日都在进行工程招投标活动。为了提高中标率,获得较好的经济效益,合理地决定对哪些工程投标,投什么样的标是一项非常重要的工作。影响投标决策的因素较多,但综合起来主要有以下三方面:

(1)业主方面的因素。主要考虑工程项目的背景条件,如业主的信誉和工程项目的资金来源等。

(2)工程方面的因素。如工程的性质和规模;施工的复杂程度等。

(3)承包商方面的因素。根据本身的经历和施工能力,在技术上能否承担该工程;本身的垫付资金的能力等。

（二）投标准备

当承包商做出决策对某个工程进行投标后,因进行大量的准备工作组建投标班子。参加资格预审,购买投标文件,施工现场及市场调查,办理投标保函,选择咨询单位和雇佣代理人。

（三）选择咨询单位和雇佣代理人

特别在一个新地区,一个理想的咨询单位,能为你提供情报,出谋划策以至协助编制标书等,将会大大提高中标几率。

代理人能协助投标人拿到工程,并获得该工程的承包权。经与业主签约后,代理人能得到较高的代理费用,约为合同的 1% ~3%。

（四）报价计算

工程报价是投标文件的核心内容。承包商在严格按照招标文件的要求编制投标文件时,应根据招标工程项目的具体内容、范围,并根据自身的投标能力和工程承包市场的竞争状况,详细地计算招标工程的各项单价和汇总价,其中包括考虑一定的利润、税金和风险系数,然后正式提出报价。

（五）投标文件的编制和发送

投标文件应完全按照招标文件的要求编制。目前,国际工程投标中多数采用规定的表格形式填写,这些表格形式在招标文件中已给定,投标单位只需将规定的内容、计算结果和要求填入即可。投标文件中的内容主要有:投标书;投标保证书;工程报价表;施工规划及施工进度;施工组织机构及主要管理人员人选及简历;其他必要的附件及资料等。

投标书的内容、表格等全部完成后,即将其装封,按招标文件指定的时间、地点报送。

（六）国际工程投标应注意的事项

1. 参加国际工程投标应办的手续

（1）经济担保（或保函）,如投标保证书,履约保证书以及预付款保证书。

（2）保险,一般有如下几种保险:

①工程保险:按全部承包价投保,中国人民保险公司按工程造价2% ~4%的保险费率计取保险费。

②第三方责任险:招标文件中规定有投保额,一般与工程险合并投保。

③施工机械损坏险:按重置价值投保,保险年费率一般为15% ~25%。

④人身意外险:中国人民保险公司对工人规定投保额为2万元,技术人员较高,年费率皆为1%。

⑤货物运输险。

（3）代理费（佣金）,在国际上投标后能否中标,除了靠施工企业自身的实力（技术、财力、设备、管理、信誉等）和标价的优势（前三名左右）外,还得物色好得力的代理人去活动争取,就得付标价2% ~4%的代理费。这在国际建筑市场中已经成为惯例了。

2. 不得任意修改投标文件中原有的工程量清单和投标书的格式

3. 计算数字要正确无误

无论单价、合价、分部合计、总标价及其外文大写数字,均应仔细核对。尤其在实行单价合同承包制工程中的单价,更应正确无误。否则中标订立合同后,在整个施工期间均须按错误合同单价结算造价,以至蒙受不应有的损失。

4. 所有投标文件应装帧美观大方,投标人要在每一页上签字,较小工程可装成一册

递标时间不宜太早,一般在招标文件规定的截止日期前一两天内密封送交指定地点。总之,要避免因为细节的疏忽和技术上的缺陷而使投标书无效。

三、国际工程投标报价的确定

国际工程投标报价与国内工程主要概（预）算方法的投标报价相比较,最主要的区别在于:某些间接费和利润等合用一个估算的综合管理费率分摊到分项工程单价中,从而组成分项工程完全单价,然后将分项工程单价乘以工程量即为该分项工程的合价,所有分项工程合价汇总后即为该工程的单项工程的估价。

国际上没有统一的概预算定额,投标报价全由每个承包商依据国际通用的或所在国的合同条款、施工技术规范等实际情况及投标策略和作价技巧等以全部动态的方法自由定价,力争从竞争中获胜又盈利。

四、国际工程投标报价的组成

（一）开办费

开办费又称为准备工作费。通常开办费均应分摊于分项工程单价中。开办费的内容因不同类型工程和不同国家而有所不同,一般包括:

(1)施工用水、用电;

(2)施工机械费;

(3)脚手架费;

(4)临时设施费;

(5)业主和工程师办公室及生活设施费;

(6)现场材料试验及设备费;

(7)工人现场福利及安全费;

(8)职工交通费;

(9)防火设施;

(10)保护工程、材料和施工机械免于损毁和失窃费等。

在国际上开办费一般多达40余项。约占造价的10%～20%,小工程则可超过20%,其比重与造价大小成反比例。每项开办费只需估一笔总价,无须细目,但在估算时要有经验,应仔细按实考虑。

（二）分项工程单价

分项工程单价(亦称工程量单价)就是工程量清单上所列项目的单价,例如基槽开挖、钢筋混凝土梁、柱等。分项工程单价的估算是工程估价中最重要的基础工作。

1. 分项工程单价的组成

分项工程单价包括直接费、间接费(现场综合管理费等)和利润等。

(1)直接费。凡是直接用于工程的人工费、材料费、机械使用费以及周转材料费用等均称为直接费。

(2)间接费(分摊费)。间接费主要是指组织和管理施工生产而产生的费用。它与直接费的区别是:这些费用的消耗并不是为直接施工某一分项工程,不能直接计入分部、分项工程中,而只能间接地分摊到所施工的建筑产品中。

(3)利润。利润指承包商的预期税前利润,不同的国家对账面利润的多少均有规定。承包商应明确在该工程应收取的利润数目。也应分摊到分项工程单价中。

2. 确定分项工程单价应注意的问题

(1)在国外,分项工程单价一定要符合当地市场的实际情况,不能按照国内价格折算成相应外币进行计算。

(2)国际工程估价中对分项工程单价的计算与国内的计算方法有所不同,国外每一分项工程单价除了包括人工工资、材料、机械费及其他直接费外,还包括工程所需的开办费、管理费及利润的摊销费用在内。因此,所用的分项工程估算出单价乘以工程量汇总后就是该单项工程的造价。

(3)对分摊在分项工程单价中的费用称为分摊费(亦称待摊费)。分摊费除了包括国内预算造价中的施工费、独立费和利润之外,还应包括为该工程施工而需支付的其他全部费用,如投标的开支费用、担保费、保险费、税金、贷款利息、临时设施费及其他杂项费用等。

（三）分包工程估价

1. 分包工程估价的组成

（1）发包工程合同价

对分包出去的工程项目,同样也要根据工程量清单分列出分项工程的单价,但这一部分的估价工作可由分包商去进行。通常总包的估价师一般对分包单价不作估算或仅作粗略估计。待收到来自各分包商的报价之后,对这些报价进行分析、比较选出合适的分包报价。

（2）总包管理费及利润

对分包的工程应收取总包管理费、其他服务费和利润,再加上分包合同价就构成分包工程的估算价格。

2. 确定分包时应注意的问题

（1）指定分包的情况

在某些国际承包工程中,业主或业主工程师可以指定分包商,或者要求承包商在指定的一些分包商中选择分包商。一般说来,这些分包商和业主都有较好的关系。因此,在确认其分包工程报价时必须慎重,而且在总承包合同中应明确规定对指定分包商的工程付款必须由总承包商支付,以加强对分包商的管理。

（2）总承包合同签订后选择分包的情况

由于总承包合同已签订,总承包商对自己能够得到的工程款已十分明确。因此,总承包商可以将某些单价偏低或可能亏损的分部工程分包出去来降低成本并转移风险,以此弥补在估价时的失误。但是,在总合同业已生效后,开工的时间紧迫,要想在很短时间内找到资信条件好、报价又低的分包商比较困难。相反,某些分包商可能趁机抬高报价,与总承包商讨价还价,迫使总承包商做出重大让步。所以,应尽量避免在总合同签订后再选择分包商的做法。

（四）暂定（项目）金额和指定单价

"暂定金额"是包括在合同中的工程量清单内,以此名义标明用于工程施工,或供应货物与材料,或提供服务,或以应付意外情况的暂定数量的一笔金额,亦称特定金额或备用金。这些项目的费用将按业主或工程师的指示与决定,或全部使用,或部分使用,或全部不予动用。暂定金额还应包括不可预见费用。不可预见费用是指预期在施工期间材料价格、数量或人工工资、消耗工时可能增长的影响所引起的诸如计日工费、指定分包商费等全部费用。一般情况下,不可预见费不再计算利润,但对列入暂定金额项目而用于货物或材料者可计取管理费等。

五、我国对外投标报价的具体做法简介

（一）工料、机械台班消耗量的确定

可以国内任一省市或地区的预算定额、劳动定额、材料消耗定额等作为主要参考资料,再结合国外具体情况进行调整,如工效一般应酌情降低10%～30%,混凝土、砂浆配合比应按当地材质调整,机械台班用量也应适当调整,缺项定额应加以实地测算后补充。

（二）工资确定

国外工资包括的因素比国内复杂得多,大体分为出国工人工资和当地雇佣工人工资两种。应力争用前者,少雇后者。出国工人的工资一般应包括:国内包干工资(约为基本工资的三倍)、服装费、国内外差旅费、国外零用费、人身保险费、伙食费、护照及签证费、税金、奖金、加班工资、劳保福利费、卧具费、探亲及出国前后所需时间内的调迁工资等。工资可分技工和普工(目前每工日约为 15 ~ 20 美元)。一般只雇普工,主要受当地国家保护主义的规定,不得不雇佣一定的比例。国外当地雇佣工人的工资较国内出国工人工资有的稍高,有的则稍低,但工效均很低。在国际上,我们的工资与西方发达国家比是低的,这对投标是有利因素。

(三)材料费的确定

所有材料需要实际调查,综合确定其费用。工期较长的投标工程还应酌情预先考虑每年涨价的百分比。材料来源可有:国内调拨材料、我国外贸材料、当地采购材料和第三国订购材料等几种。应进行方案比较,择优选用,也可采用招标采购,力求保质和低价。对国际上的运杂费、保险费、关税等均应了解掌握,摊进材料预算价格之内。

(四)机械费的确定

国外机械费往往是单独一笔费用列入"开办费"中,也有的包括在工程单价之内。其计量单位通常为"台时",鉴于国内机械费率定得太低,在国外则应大大提高,尤其是折旧费至少可参考"经援"标准,一年为重置价的40%,两年为70%,三年为90%,四年为100%,经常费另计。工期在 2 ~ 3 年以上者,或无后续工程的一般工程,均可以考虑一次摊销,另加经常费用。此外,还应增加机械的保险费。如租用当地机械更为合算者,则采用租赁费计算。

(五)管理费的确定

在国外的管理费率应按实测算。测算的基数可以按一个企业或一个独立计算单位的年完成产值的能力计算,也可以专门按一个较大规模的投标总承包额计算。有关管理费的项目划分及开支内容,可参考国内现行管理费内容,结合国外当前的一些具体费用情况确定。管理费的内容大致有工作人员费(包括内容与出国工人工资基本同)、业务经营费(包括广告宣传、考察联络、交际、业务资料、各项手续费及保证金、佣金、保险费、税金、贷款利息等)、办公费、差旅交通费、行政工具用具使用费、固定资产使用费以及其他等。这些管理费包括的内容可以灵活掌握。据初步在中东地区某些国家预测,我们的管理费率约在15%左右,比西方国家要高。这是投标报价中一项不利因素,应采取措施加以降低。

(六)利润的确定

国外投标工程中自己灵活确定,根据投标策略可高可低,但由于我们的管理费率较高,本着国家对外开展承包工程的"八字方针"(即守约、保质、薄利、重义)的精神,应采取低利政策,一般毛利可定在 5% ~ 10% 范围。

六、电子招投标

随着电子商务和项目管理信息化的迅猛发展,传统纸质招投标的成本高、效率低、过程不公开透明、不符合低碳环保要求等缺点逐渐显现出来。如何更便捷、高效、规范、公开地开展招投标活动,如何减少企业投标成本、增加市场竞争度,促进低碳环保节约社会资源,已成为亟待破解的难题。

建立"建设工程项目电子招投标平台"是创新工程监督管理模式的重要内容,是加强建设工程项目招投标工作管理、推动建设市场有序发展的一项重大举措,也是规范流程方案、健全长效管理机制的一个重要手段。

电子招投标平台可促进建设工程项目招投标工作的公开化、法制化、规范化,使得招投标工作更加公正、透明,且有利于建设工程项目招投标各参与方降低成本、提高效率。其次,实施电子化招投标既是建设工程项目招投标工作的发展趋势,是解决目前招投标工作中存在问题的有力武器,也是建设工程招投标事业科学发展的必然要求。其优势明显,如:

(1)招标信息、中标公告等的发布上更为公开、及时,避免由于信息不对称而导致的不公平竞争出现;

(2)对招标项目进行中的每一步都及时地公开,便于业主、主管部门和投标方有效地监督和掌握;

(3)对评标专家实行在线随机抽取,避免专家评标过程中可能产生的舞弊行为;

(4)投标方可以方便地查看评标结果和专家意见,并提出自己的质疑,使得整个招标工作更加透明;

(5)完成项目在线归档,为主管部门或监督机构提档查看提供便利,也对建设工程招投标双方构成了一定程度的制度约束;

(6)避免招投标过程中部分项目该招标不招标、规避公开招标或搞虚假招标的行为;

(7)杜绝招标过程中的操作不规范或者暗箱操作,招投标人定标前谈判压价和违规分包等问题;

(8)针对部分地区建设工程项目招投标中地方和部门保护主义较严重,如通过投标前置条件和不合理的资质要求及收费等办法,给外地、外行业投标人进入本地和本行业建设市场设置障碍等现象,本系统采用在网上公示招投标信息的办法,方便各类、各地区投标企业进行网上报名,打破地方保护主义,实现公平竞争。

此外,通过本系统还能解决串通招投标过程中产生的保证金管理漏洞、专家评标费的管理以及专家评标过程中产生的舞弊等问题。

(一)系统概况

工程项目电子招投标整体解决方案,是一套基于互联网平台,实现从"项目进场交易开始到项目备案结束",全流程无纸化网上招标、投标、评标,全过程电子化网上留痕、可溯、可查,全方位规范化网上备案、监管、监察的一体化解决方案。

系统以招标代理、投标人、评标专家、工程项目数据库为支撑,通过招标类信息发布、电子投标文件制作、网上投标报名、评标专家抽取、电子评标、行政监督、统计分析等7个子系统,构建了招标投标交易平台、招标投标公共服务平台、招标投标行政监督平台,形成了协调联动的电子招标投标系统,实现了招标公告审批与发布、网上保密投标报名、网上招标文件审批和下载、专家在线抽取、电子标书评审、异地远程评标、评标结果公示、投标人信用管理、执业人员在建项目查询、统计分析等功能;通过3D技术构建网上虚拟交易大厅,直观面向招投标,为建设工程招标投标活动提供了全过程电子化的解决方案。

系统一般由网上交易、网上监管、远程评标、网上监察四大部分组成。主要包含公共服务平台系统、网上招投标系统、远程异地评标系统、专家选聘及语音通知系统、招投标监察系统、交易中心综合业务管理系统等主题功能系统。系统所包含的软件子系统,既可组合形成整体信息化方案,实现招投标工作的全流程网络化、电子化,也可分拆部分应用,满足专项需求。比如既可以仅采用电子辅助评标系统、电子标书编制系统实现评标工作的计算机辅助,也可以仅采用网上招投标的部分模块,实现如网上招标文件下载等功能要求。

1.公共服务平台系统

公共服务平台系统,以行业门户网站、信息发布、会员管理、信息统计分析、行政监督管理通道、信用管理等公共服务为核心的公共服务平台,用于为招投标主体、社会公众和行政监督部门提供招投标信息交互和共享服务。

2. 网上招投标系统

通过 3D 技术构建网上虚拟交易大厅,直观面向招投标管理部门、中心工作人员、招标人、中介工作人员、投标人、专家、纪检监察部门等招投标交易各方主体,实现"从项目进场交易开始,到合同签订、合同备案为止"的全流程网上招投标及业务管理平台。

系统涵盖网上招标、网上投标、网上开标、远程异地/本地评标、远程评标协调管理、远程评标影音监控、电子招投标标书制作等子系统。其中远程异地评标系统,具有多项领先优势。

3. 远程异地评标系统

远程异地评标系统,以计算机辅助评标系统、标书电子化系列软件为核心,远程评标协调管理系统、远程评标影音监控系统为辅助,圆满实现评标信息异地对接,评标流程网上监控。

系统包括电子评标系统、标书电子化软件、远程评标协调管理、远程评标影音监控等子系统。

4. 专家选聘及语音通知系统

专家选聘及语音通知管理系统,是一套基于独立专家库,通过计算机进行专家的智能化抽取与语音短信通知,并对评标专家进行实时管理和动态考核的管理系统。

该系统与评标区门禁系统、电子评标系统、门户网站进行对接,实现实时数据交换,可以更加方便、准确、科学地实现对专家的管理与考核。

5. 招投标监察系统

通过综合监察专区设立的各综合监察部门虚拟办公室,如纪委(监察局)、公共资源交易工作管委会(办公室)等机构,工作人员可以不定期登录电子监察系统,查找系统自动发现的违规事件或疑似违规问题,及时进行处理和落实处理结果;不定期进行统计分析、事件抽查、重点事件跟踪等监察监控操作;落实上级电子监察平台交办的督办、督察事项。

系统通过技术手段设置警示形式,对办件超期、关键数据未报送或延时报送、弄虚作假、事后登记等违规行为进行及时督察纠错;对时效性、流程合法性、上网信息的完整性等监察监控内容须自动发现、提醒、督办、考核;提供辅助手段,采取定期统计分析、随机抽查、重点项目跟踪等方式,对法律法规适用的准确性、操作行为的规范性和合理性进行辅助监控。

6. 交易中心综合业务管理系统

公共资源交易(招投标)中心综合业务管理系统,涵盖职能部门内部办公 OA、会员管理、资金管理、专家管理以及有形交易市场的场地、设备等资源的综合业务管理系统,完全实现安全、开放、高效的应用集成平台,实现对影响招投标管理工作的各种资源的集中化管理。

7. 功能特色

(1)避免招标人"量体裁衣"。系统通过将招标文件模板化,来遏制招标人明招暗定、量体裁衣的现象。我们依照住建部的《招标文件示范文本》,将招标文件格式条款和通用条款进行锁定,招标人无法篡改,只能对招标文件中的专业条款进行填空式填写,由系统自动生成招标文件,从而避免了招标人私自篡改通用条款,已达到控制招标的目的。与招标文件模板化相对应,系统具备文件审核的确认式评审功能,审核人员无需审核已经锁定的格式条款和通用条款,只需要对招投人填空的专用条款进行逐项审核即可,极大地减轻了招标文件审核的工作量,提高了审核效率。而且,招标文件的每一次审核意见自动留痕,便于追溯。

(2)提升招投标易泄密五大节点安全性、保密性。在招投标交易过程中,五大泄密点的防范和管理非常重要,具体指投标报名、招标文件获取、招标答疑、集中现场踏勘以及专家抽取。在资格后审招标方式下,如何通过信息化手段,有效遏制这些泄密情况的发生,保护潜在投标人和专家名单非常关键。本系统在这些方面,都采取了针对性技术手段。如:投标人可以直接在网上向招标人提出质疑和意见,无需组织招标答疑会或招标预备会,切断了各潜在投标人之间的联系。

(3)远程异地评标,专家资源共享。传统化的评标,均以评标专家"面对面"评判方式进行;采用网络化评标,评标专家实现"背靠背"表决,所有评标专家均置于视频监控之下,最大程度避免了人为因素对评标专家的干扰,提升评标公平、公正性。

(4)综合监察。项目全过程电子监察、异常交易情况监察、效能监察,实现对各交易主体和交易项目的全方位监督和管理。

(二)系统总体设计

1.系统架构

目前电子化操作只在工程建设项目招投标的某些环节发生作用,很难实现各项业务活动的高效监管和指导。因此,从实现招投标"公平、公开、公正"的基本政策方针出发,着力思考如何能更好地提高工作效率、降低交易成本,以及尽量减少在招投标领域中人为因素的影响,应对电子招投标平台施行整体规划部署,在招投标流程的主要功能研究的基础上,延伸到辅助功能,形成了如图4.2所示的系统整体架构。实现了从项目报建到中标备案全业务流程的电子化操作监管。

整个系统平台包括两个部分:"项目信息管理""报名管理"是招投标平台的主要系统功能;其余的为招投标平台的辅助系统功能。

除了主要的系统功能,其余的辅助功能相互之间无必然联系,不影响招投标流程的进行。但是为了招投标的全业务流程电子化操作监管,充分体现阳光招投标,建议使用电子招投标平台。

电子招投标的主要参与者:招标人/代理机构、投标人、招投标管理单位、交易中心、评标专家。其中,招标人/代理机构,投标人可通过平台系统的主要子系统功能实现项目报建和投标报名,可通过辅助功能完成文件下载、招标答疑等,其余的角色均可通过相关的辅助功能协助招投标的顺利进行。

2.技术架构

系统采用基于SOA的多层体系结构。所有的应用都依托支撑平台——综合应用集成管理平台(MagEAI)实现集成,如图4.3所示。

3.平台功能

本系统平台包括主要功能和辅助功能系统,平台功能如图4.4所示。

(1)市场主体管理系统

通过该系统的运用,统一对招投标方的资质信息,招标代理机构的信息等进行统一管理。

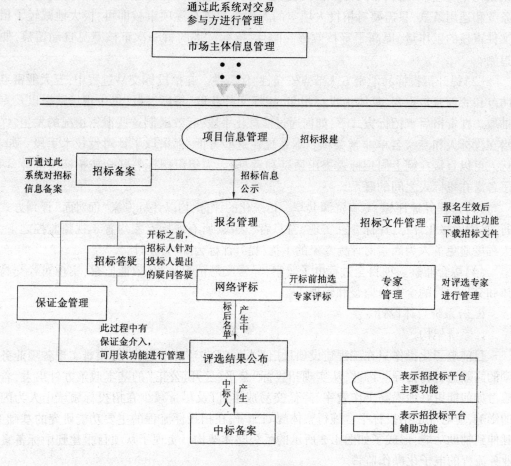

图 4.2　电子招投标系统架框图

包括企业的基本信息、企业其他信息(如财政情况、工程业绩情况等)、资质申请、资质维护等功能。

(2)项目信息管理系统

此子系统功能适用为招标人或代理机构,主要实现项目报建。

①项目报建:包括外网创建项目、建设单位填写、划分标段、查看标段列表、上传招标文件、申请招标等;

②项目登录:通过项目密码登录已创建好的项目;

③文件管理:在招标过程中,发现需要上传补遗文件,或者答疑文件,可以通过此功能上传。

(3)招标信息备案审批系统

此功能对招标人/招标代理机构上传的招标信息审批备案。

①招标文件签章:对招标人/代理机构上传的招标文件进行签章、审批;

②招标文件历史版本查询:可对招标文件的历史版本进行查看、下载;

③招标文件管理:对所有电子文件管理,提供下载、注销功能;

④项目标段信息维护:行政主管部门可对招标信息进行修改;

⑤查询审批历史:可查看所有的审批记录;

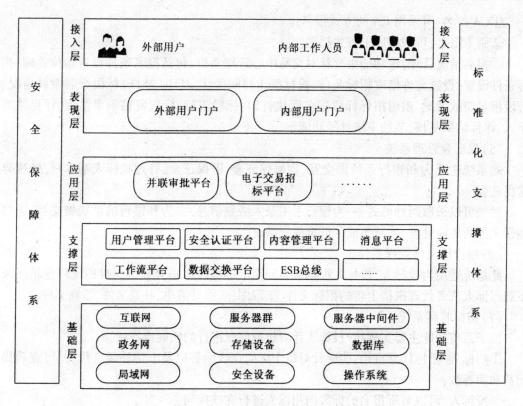

图4.3　电子招投标技术架构图

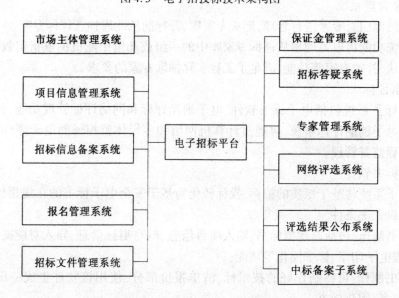

图4.4　电子招投标平台功能

⑥投标信息维护：可对招标条件进行修改；

⑦项目信息审批：主管部门及其他上级管理部门（如发改委）对招标信息进行审批。

（4）报名管理系统

该功能子系统主要是实现投标人报名，投标人可选择 CA 或者刷卡方式进行报名；同时交易中心管理人员可对报名情况进行管理。

①CA报名:可采用CA的方式报名;

②刷卡报名:可采用刷卡方式报名;

③报名情况管理:该功能主要针对交易中心管理人员,包括报名条件设置席位管理、招标条件设置、设置允许修改招标条件、投标截止时间确认、打印(补打)标段报名缴款情况、标段报名交款情况、邀请招标标段报名回执打印、标段流标、标段资格预审结束、评标结果录入、评标结果复核、节约率统计等功能。

(5)保证金管理系统

此系统主要为和银行系统做交互,收取保证金,退保证金,管理投标人基本户,处理异常保证金。

对账可以采取两种形式,一为银行手工录入缴款信息,二为和银行的系统做交互,通过加密文件的传输处理,系统生成保证金提交情况。

(6)招投标文件管理系统

此系统适用为投标人,投标人根据报名回执上的标段识别号和组织机构代码登录用来下载招标人或者代理机构上传的招标文件、工程图、工程量清单、补遗文件、答疑文件。

(7)招标答疑系统

该子系统功能主要实现招/投标人针对招标信息进行的质疑或答疑。

①招标人/招标代理机构:能够针对每个提问在线回答以及上传答疑文件,并可查看提问数和回答数;

②投标人:可以对所报名的标段向招标人进行在线提问。

(8)专家管理系统

行政管理部门对专家进行管理,形成专家库,开标前从此库抽选评标专家。

该子系统功能可以方便地从评标专家库中的一组或几组中随机抽取指定数量的专家,支持专家确认、补抽专家等功能,满足了工程实际抽取专家的要求。

(9)网络评标

网络评标子系统包括电子标书软件、电子辅助评标和网络评标管理功能,将制作的电子标书导入电子辅助评标系统,再通过计算机网络和多媒体监控辅助电子评标,实现远程评标的全过程监督管理。

①电子标书软件。

该功能子系统将基于纸质的招标、投标转化为基于安全电子标书的在线招标、投标,为电子评标提供先决条件。

a.招标书制作:包括新建招标书、输入项目信息、填写唱标信息、导入对应文件、设置评标参数、加盖电子印章、标书固化等功能;

b.投标书制作:可将制作好的技术标、清单报价部分,使用该软件生成一份电子投标书,并加盖印章,固化标书。

②电子辅助评标子系统。

通过该功能系统辅助评标专家进行评标。

a.项目管理:创建新的评标项目,管理评标项目(如已开标、已开封等);

b.开标:将标书导入到该评标系统;

c.清标:把所有不符合项全部列出,让评标专家做出评定,如调整或废标等;

d.评标:包括技术评标、商务评标等;

e.评分汇总:对所有专家评委的投标打分进行汇总,排出名次。

③网络评标管理子系统。

通过该网络评标管理系统,可打破地域限制,被抽选到的专家只需要在就近的交易中心评标即可,实现远程评标。

a.评标协同管理功能:该子系统功能在评标过程中,为专家进行电子评标提供支持与协作管理,主要用于远程评标工作的调度与协同管理、评标资料和评标结果的传递等。

b.实时交流功能:用于评标专家、评标监督人员、招标人/招标代理、投标人之间的实时交流、质疑或澄清、答疑。考虑到评标的公平、公正性,以及监控的方便性,本子系统主要提供实时文字交流方式,同时系统会自动记录评标过程中的所有文字交流情况,且整个交流情况,均在评标监督人员所操作的计算机中显示,方便其监控。

c.视频监控功能:该子系统提供给监督人员对整个评标情况进行视频监控,同时将视频监控信息进行存储。

(10)评标结果公布、分析系统

对每个标段的控制价、投标总报价、节约率进行公布(触摸屏)。

(11)中标备案

行政管理部门就中标结果备案,并对备案过程审核,如资料是否齐全等,但不对中标结果审核。

4.平台业务

该电子招投标业务流程图如图4.5。

5.建议方案

(1)网上报名

网站为本平台提供一个入口,各参与主体通过网站提供的入口完成各项工作。网站可采用以下方式实现:

可依托现有的网站(如政务中心网站),为我市招投标平台开辟一个网络入口,各方主体通过该入口使用本招投标平台。

(2)项目报建

项目报建的方式有两种,第一种方式,由招标方通过项目信息管理子系统外网报建;第二种方式,也可以由招投标管理单位工作人员内部登记。由于各方面的原因,本系统建议采用第一种方式。

(3)标书获取

投标人获得招标文件的方式可以有以下两种:

①由招标代理负责招标文件的发售;

②通过本平台直接下载,即已经获得投标报名审查的单位,可以使用本平台提供的招标文件下载功能,下载招标文件。下载招标文件的费用须在提交投标文件时或开标前交清。

第一种方式很难对招标代理单位和建设单位的行为进行有效的监管控制,因此,不宜推荐。第二种方式能够避免一些不良行为的发生,保证符合条件的企业均可以具有公平获取招标文件的机会。因此,我们建议采用第二种方式即通过平台直接下载招标文件的方案。

由于招标文件下载,特别是大容量和大批次的招标文件下载,会给网络和招标文件管

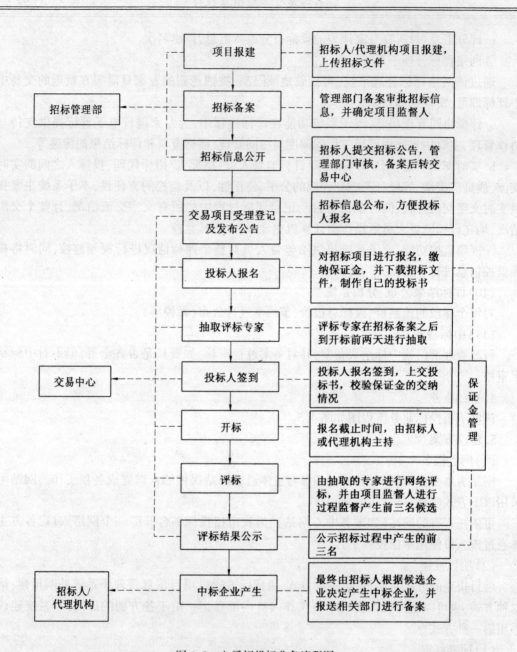

图 4.5 电子招投标业务流程图

理服务器带来较大的压力,要求具有比较高的网络带宽,因此,可以同时提供两种方式:

①互联网下载:投标人可以在任何地方例如自己单位,甚至家中,通过互联网下载。这种方式虽说方便可随时随地下载,但需要比较大的网络带宽。

②局域网下载:即投标人通过交易中心局域网上设置的计算机终端,自主完成招标文件下载。这种方式可以保证有足够的带宽,但是下载点比较有局限性。

(4)投标报名

投标人可以通过互联网在任何地方完成投标报名。网上投标报名,既具有方便性,又可保证投标人的公平参与权。实现网上投标报名的技术已经比较成熟。其中最大的问题是投标人真实身份的确认问题。

已有的确保投标人身份真实性的技术包括：

①所有希望参加本市建设工程项目招投标的市场主体都应到交易中心领取一个"USB Key"。本平台在该"USB Key"上写入通过加密的信息，并且，须为"USB Key"规定一个初始密码(该密码可以由"USB Key"的主人修改)，并将这些信息和领取人的信息记录在系统的数据库中。

②投标人通过互联网进行投标报名时，系统要求投标人输入密码，并通过检查"USB Key"是否是由本系统发出，密码是否正确等手段来确认操作者的身份。

(5)保证金管理

保证金管理包括保证金的收取与退还。交易中心在银行开设专门的保证金账号。投标企业按照保证金收取规定在递交投标文件前将保证金划拨到该专用账户。可以通过两种方式确认保证金到账：

①银行每天将到账情况形成文件，将文件发送给交易中心工作人员，交易中心工作人员将保证金数据导入到系统中。导入后，当天将到账的总金额和总笔数，通过电话方式对账。第二天，银行将回单送达交易中心，交易中心财务人员对到账数据进行对账。

②人工确认保证金到账，将数据输入本平台。

显然，最好是与银行协调，实现保证金到账数据文件交换。这样，可以减少财务工作人员的工作负担，避免因操作人员的疏忽而造成的数据错误，而且，可以更加及时、快捷。

保证金的退还：本系统自动分析符合退款条件的保证金，然后由财务人员打印支票，并且交另一个财务人员审核，最后送交银行退还保证金；银行退还保证金后，将回单送回还给交易中心，交易中心工作人员对退还保证金的情况进行对账。

(6)主体信息管理

参与项目的各方主体，包括建设单位、施工单位、设计勘查单位等，它们的基本信息，特别是资质信息，是招投标管理中不可或缺的重要信息。建议采用市场主体管理子系统对招投标的资质信息，招标代理机构的信息等进行统一管理。

(7)项目与标段信息

在行政审批系统中，应该已经录入了项目的基本信息和标段信息。建议与行政审批系统协调，开放项目信息与标段信息的共享。

如果需要补充，本平台将提供补充信息的录入。

(8)招投标禁入

对于一些被行政处罚，禁止其在我市参与建设工程项目招投标活动的主体，本平台准备建立一个行政处罚数据库，由交易中心人员负责维护该数据库的信息。本平台在投标报名时，自动根据数据库中的记录核对企业进行资格审查，执行禁入处罚规定。

6.平台特点与优势

通过本平台，可实现招投标平台的规范化管理备案。在本系统中所有的信息均有良好的可溯源性，对每一个环节系统都将进行备案操作，使繁杂的招投标工作得以有条不紊的进行；规范操作流程，使流程更加简单透明。

(1)增强了招投标的公开透明性

使用该电子交易招投标平台，能够增强招标管理工作的透明性和公开性，有效地防止招标投标过程中的暗箱操作、腐败等行为的发生。

①由于招标业务流程的各环节都在电子招标平台上统一运作，便于主管部门和有关单

位对招标投标工作进行监督、对招标工作中的违法行为构成一定的约束;

②启用电子招标投标平台,项目招标进程中的所有公告、公示、变更都要在网上发布,这样就避免了由于招投标双方信息的不对称性而产生腐败行为的可能;

③由于招投标双方都通过网络交易,减少了双方见面的机会,在一定程度上遏制了暗箱操作行为的发生;

④电子招投标平台提供了完善的质疑与投诉处理流程,为政府部门对招投标工作进行有效监管、及时处理招投标活动中存在的问题,提供重要的处理通道;

⑤另外,网上质疑与网下资料报送确认相结合,有利于投诉行为的严谨性,有利于招标项目接受社会监督。

（2）有利于招投标各方降低成本

本系统本着从简单化、规范化、流程化的目标出发,充分考虑到了招投标过程中的各方面因素,最大程度地省去招投标过程中不需要的繁杂环节,减少各方人力物力资源的投入。因此,使用该电子招投标平台,减少了大量的人力物力的浪费,降低招投标参与各方的成本,节约了资源。

（3）提高了工作效率

本套系统是对国内建筑市场招投标监管现状进行深入分析的基础之上,借鉴国内外先进地区建筑市场招投标监管方面的经验,经过长期对建设工程招投标过程分析论证后设计开发而成的。系统涵盖了招投标过程中的主要环节系统、非主要流程系统、辅助系统等,能充分实现招投标"一站式"网络服务,方便各方进行操作。而且,本系统也有良好的溯源性,对在招投标过程中出现的问题,能找出根源予以及时解决。因此,使用该电子招投标平台,大大提高了参与各方的工作效率。

（4）提升了招投标管理工作的科技含量

系统的开发采用先进的计算机代码编程技术,完善的流程管理,更结合了招投标过程中的实际需求,特别是在电子交易招投标平台的公平公正公开性上,经过实际的调查研究以及反复论证,对评标专家的抽取、专家评标过程、招标备案、保证金的管理等环节都有相应的监控管理功能,实现了管理模式的创新。因此,通过对电子招投标平台的使用,提高了招投标管理的科学性、有效性,是科技兴业的具体体现。

（5）有利于构建统一的招投标市场体系

由于招投标制度的出发点,就是通过充分竞争获得最佳经济效益,实现资源合理配置,客观上要求招投标活动不受地区、行业的限制,给所有投标人提供平等竞争环境,形成一个统一开放的竞争市场。通过电子招投标平台公开招标信息、招标程序、评标办法和评标结果,充分体现公平、公开、公正的竞争原则。由于网络平台的开放性,不会因地域、隶属关系、所有制的不同而对投标人有所歧视,在一定程度上遏制了各地方、各部门施行地方保护主义、行业垄断和行政干预行为的发生。

"建设工程项目电子招投标平台"所提供的招投标相关功能,经过不断的完善与调整,系统运行稳定,运行机制基本健全,运行管理模式成熟、实用,能很好地处理招投标过程中的各项业务和突发问题。而且电子招投标平台与系统建设工程项目管理及视频实时监控综合系统实现衔接、互通,实现了对整个建设工程从项目报建到竣工验收的一体化管理。

系统建设引入开放性接口、高兼容性网络等最新的技术和标准,使系统具有稳定和可扩展性的功能,保证了能够适应现代和未来技术发展的需求。同时,本系统平台设计还将结合目前建设工程项目交易的现状，以及相关的具体政策规定，就平台实际功能进一步的落实，以保证能够适应建筑行业的市场环境。

案例分析题

[案例背景]

某投标单位通过资格预审后，对招标文件进行了仔细分析，发现业主所提出的工期要求过于苛刻，且合同条款中规定每拖延 1 天工期罚合同价的 1%。若保证实现该工期要求，必须采取特殊措施，从而大大增加了成本；还发现原设计结构方案采用框架剪力墙体系过于保守。因此，该投标单位在投标文件中说明业主的工期要求难以实现，因而按自己认为的合理的工期（比业主要求的增加了 6 个月）编制施工进度计划并据此报价，还建议将框架剪力墙体系改为框架体系，并对这两种结构体系进行了技术经济分析和比较，证明框架体系不仅能保证工程结构的可靠性和安全性、增加使用面积、提高空间利用的灵活性，而且可降低造价约 3%。

该投标单位将技术标和商务标分别封装，在封口处加盖本单位公章和项目经理签字后，在投标截止日期前 1 天上午将投标文件报送业主。次日（即投标截止日期当天）下午，在规定的开标时间前 1 小时，该投标单位又递交了一分补充材料，其中声明将原报价降低 4%。但是，招标单位的有关工作人员认为，根据国际上"一标一投"的惯例，一个投标单位不得递交两份投标文件，因而拒收投标单位的补充材料。

开标会由市招标办的工作人员主持，市公证处有关人员到会，各投标单位代表均到场。开标前，市公证处人员对各投标单位的资质进行了审查，并对所有投标文件进行了审查，确认所有投标文件均有效后，正式开标。主持人宣读了投标单位名称、投标价格、投标日期和有关投标文件的重要说明。

问题：

1. 该投标单位运用了哪几种投标技巧？其运用是否得当？请逐一加以说明。

2. 从所介绍的背景资料看，在该项目招标程序中存在哪些问题？请分别作简单说明。

第五章　建设工程施工合同管理

[学习重点]　熟悉建设工程施工合同的概念、种类、特点，了解国际通用的FIDIC《土木工程施工合同条件》的内容，达到从事合同管理及具备签订工程施工合同的能力。

第一节　概　　述

一、建设工程合同的概念及特征

（一）建设工程合同的概念

建设工程合同是《合同法》中确定的一种合同类型，指承包人进行工程建设，发包人支付价款的合同。从合同理论上说，建设工程合同是广义承揽合同的一种，也是承包人（承揽人）按照发包人（定做人）的要求完成工作，交付工作成果，发包人给付报酬的合同。

承揽合同是承揽人按照定作人的要求完成工作，交付工作成果，定做人给付报酬的合同。承揽合同包括：加工合同、定做合同、修理合同、复制合同、测试合同、检验合同等。

（二）建设工程合同的特征

除具有承揽合同的一般特征（诺成合同、双务、有偿合同）外，建设工程合同还有以下特征：

（1）建设工程合同的主体只能是法人；

（2）建设工程合同标的仅限于建设工程；

（3）国家管理的特殊性；

（4）建设工程合同具有次序性；

（5）建设工程合同为要式合同。

承揽合同的特征：

（1）承揽合同以完成一定的工作为目的，在承揽合同中，定做人的目的就是取得承规人完成的一定的工作成果；

（2）承揽合同的标的具有特定性，是以能满足定做人特殊需要的劳动成果。

（三）主要合同关系

1.业主的主要合同关系

（1）咨询（监理）合同。业主与咨询（监理）单位签订的合同。咨询（监理）单位负责项目的可行性研究、设计监理、招标和施工阶段监理等某一项或几项工作。

（2）勘察设计合同，即业主和勘察设计单位签订的合同。

（3）供应合同。对由业主负责提供的材料和设备，他必须与有关的材料和设备供应商签订供应合同。

（4）工程施工合同。业主与承包商签订的工程施工合同。一个或几个承包商承包或分别承包土建、机械安装、电气安装、装饰、通信等工程施工。

（5）贷款合同。业主与金融机构签订的合同。后者向业主提供资金保证。

按照项目承包方式和范围不同，业主可能订立几十份合同。

2.承包商的主要合同关系

（1）分包合同。分包商仅完成总承包商的工程，向总包负责，与业主无合同关系。

（2）供应合同。承包商为工程所进行的必要的材料和设备采购和供应，他必须与有关的材料和设备供应商签订供应合同。

（3）运输合同。承包商为解决材料和设备的运输问题而与运输单位签订的合同。

（4）加工合同。承包商将建筑物构配件、特殊构件加工任务委托给加工承揽单位而签订的合同。

（5）租赁合同。有些设备、周转材料在现场使用率较低，或自己购置需要大量资金投入而自己又不具备实力时，可采用租赁方式，与租赁单位签订租赁合同。

（6）保险合同。承包商按施工合同要求对工程进行保险，要与保险公司签订保险合同。

工程承包合同是最有代表性、也最复杂的合同。处于主导地位，是整个项目合同管理的重点。

（四）建设工程合同的适用范围与分类

（1）适用范围：建设工程合同的标的是建设工程，包括房屋、桥梁、涵洞、水利工程、道路工程等；

（2）分类：按工程各过程的顺序性，分为勘察合同、设计合同、施工合同、总承包合同。

（五）勘察设计合同中当事人的义务

1.发包人的义务

（1）按照合同约定提供开展勘察、设计、工作所需的原始资料、技术要求，并对提供的时间、进度和资料的可靠性负责；

（2）按照合同约定提供必要的协作条件（工作、生活）；

（3）按照约定向勘察、设计人支付勘察、设计费，延期付费承担违约责任；

（4）保护承包人的知识产权，对勘察设计成果，不得擅自修改，也不得擅自转让给第三人重复使用。

2.勘察设计人的主要义务

按照合同约定按期完成勘察、设计工作，并向发包人提交质量合格的勘察、设计成果——勘察设计人最基本的义务，也是订立合同的目的所在。

《合同法》第280条规定：勘察、设计的质量不符合要求或者未按照期限提交勘察、设计文件拖延工期，造成发包人损失的，勘察人、设计人应当继续完善勘察、设计，减收或者免收勘察、设计费并赔偿损失。

（1）对勘察、设计成果负瑕疵担保责任；

（2）按合同约定完成协作事项；

（3）维护发包人的技术和商业秘密——不得向第三人泄漏、转让发包人提交的技术资料。

（六）施工合同中当事人的义务

1.发包人的义务

（1）做好施工前的准备工作，并按照约定提供原材料、设备、技术资料等。

《合同法》第283条规定：发包人未按照约定的时间和要求提供原材料、设备、场地、资金、技术资料的，承包人可以顺延工程日期，并有权要求赔偿停工、窝工等损失。违反情况有两种：未按约定时间完成义务；未按约定要求完成义务。

（2）办理土地征用、拆迁补偿、平整施工场地等工作，使施工场地具备施工条件，在开工后继续负责解决以上事项遗留问题。

（3）将施工所需水、电、通信线路从施工场地外部接至约定地点，保证施工期间的需要。

（4）开通施工场地和城乡公路道路的通道，以及施工的主要道路，满足运输需要，保证施工期间畅通。

（5）向承包人提供施工场地的工程地质和地下管线资料，对资料真实准确性负责。

（6）办理施工许可证及其他施工所需证件、批件。

（7）确定水准点和坐标控制点。

（8）组织承包人和设计单位进行图纸会审和设计交底。

（9）协调处理地下管线、构筑物、树木的保护工作。

（10）发包人的协助义务。

《合同法》第284条规定：因发包人的原因致使工程中途停建、缓建的，发包人应当采取措施弥补或者减少损失，赔偿承包人因此造成的停工、窝工、倒运、机械设备调迁、材料和构件积压等损失和实际费用。

（11）发包人的主要义务——按照约定验收工程，施工合同中的验收可分为两部分：

①工程隐蔽部分或中间部分验收。《合同法》第278条规定：隐蔽工程在隐蔽以前，承包人应当通知发包人检查。发包人没有及时检查的，承包人可以顺延工程日期，并有权要求赔偿停工、窝工等损失。

②工程竣工后对工程的验收。《合同法》第279条规定：建设工程竣工后，发包人应当根据施工图纸及说明书、国家颁发的施工验收规范和质量检验标准及时进行验收。验收合格的，发包人应当按照约定支付价款，并接收该建设工程。建设工程竣工经验收合格后，方可交付使用；未经验收或者验收不合格的，不得交付使用。

（12）发包人最基本的义务——接受建设工程并按约定支付工程价款。

《合同法》第286条规定：发包人未按照约定支付价款的，承包人可以催告发包人在合理期限内支付价款。发包人逾期不支付的，除按照建设工程的性质不宜折价、拍卖的以外，承包人可以与发包人协议将该工程折价，也可以申请人民法院将该工程依法拍卖。建设工程的价款就该工程折价或者拍卖的价款优先受偿。

当发包人同时存在若干个债权人时，对于建设工程折价或拍卖所得的价款，承包人有优于其他债权人进行受偿的权利。

2. 承包人的主要义务

（1）做好施工前准备工作，按期开工，确保工程质量。

（2）接受发包人的必要监督。《合同法》第277条规定：发包人在不妨碍承包人正常作业的情况下，可以随时对作业进度、质量进行检查。

（3）按期按质完工并交付建设工程。《合同法》第281条规定：因施工人的原因致使建设工程质量不符合约定的，发包人有权要求施工人在合理期限内无偿修理或者返工、改建。经过修理或者返工、改建后，造成逾期交付的，施工人应当承担违约责任。

（4）对建设的工程负瑕疵担保责任——工程质量保修。

（5）对建设工程承担侵权赔偿责任。《合同法》第282条规定：因承包人的原因致使建设工程在合理使用期限内造成人身和财产损害的,承包人应当承担损害赔偿责任。

(七)工程建设的其他合同

1.监理合同

建设监理合同是我国实行建设监理后出现的一种新型技术性委托合同。当事人双方是委托人——业主和被委托人——监理单位。

监理合同属于委托合同。

监理合同与建设工程合同、物资采购合同、运输合同等的最大区别:标的性质上的差异。监理合同的标的是监理单位凭借自己的知识、经验和技能,为所监理的工程建设合同的实施,向项目法人提供的服务而获取报酬。

监理单位与勘察、设计、施工、设备供应等单位的根本区别:不直接从事生产活动,不承包项目建设生产任务。

(1)建设监理合同当事人的权利

委托人的主要权利:监理人权限的授予;对总承包人的发包权;对重大事项的认定权;对监理人的监督权。

监理人的主要权利:对重大事项的建议权;对日常事务的管理权;对质量、进度的监督权;对工程款支付的审签权。

(2)建设监理合同当事人的义务

委托人的主要义务:支付监理工作报酬;提供必须的资料;提供相应的协助和便利;按时决定相关事宜。

监理人的主要义务:派出人员完成委托范围内的监理工作;及时报告相关事项;移交所用委托人的财产;保守委托人和第三人的商业秘密。

2.建筑材料和设备采购合同

买卖合同是经济合同中最常见的一种,是出卖人转移标的物的所有权于买受人,买受人支付价款的合同,是双务、有偿、诺成合同,不是要式合同。

买卖合同的主要内容:标的物的交付——约定的期限、地点;标的物的风险承担;买受人对标的物的检验——买受人的权利和义务;买受人支付价款——约定的时间、地点、数额支付。

第二节　建设工程施工合同(FIDIC)及简介

一、国际咨询工程师联合会简介

(一)国际咨询工程师联合会

FIDIC是国际咨询工程师联合会法语名称的缩写。FIDIC最早是于1913年由欧洲四个国家的咨询工程师协会组成的。自1945年二次世界大战结束以来,已有全球各地60多个国家和地区的成员加入了FIDIC,中国在1996年正式加入。可以说FIDIC代表了世界上大多数独立的咨询工程师,是最具有权威性的咨询工程师组织,它推动了全球范围内的高质量的工程咨询服务业的发展。

FIDIC下属有两个地区成员协会:FIDIC亚洲及太平洋地区成员协会(ASPAC)和FIDIC非洲成员协会集团(CAMA)。FIDIC下设5个长期性的专业委员会:业主咨询工程师关系委员会(CCRC)、合同委员会(CC)、风险管理委员会(RMC)、质量管理委员会(QMC)和环境委员会(ENVC)。FIDIC 的各专业委员会编制了许多规范性的文件,这些文件不仅 FIDIC 成员国采用,世界银行、亚洲开发银行、非洲开发银行招标时也常常采用。其中最常用的有《土木工程施工合同条件》《电气和机械工程合同条件》《业主/咨询工程师标准服务协议书》《设计—建造与交钥匙工程合同条件》(国际上分别通称为 FIDIC "红皮书" "黄皮书" "白皮书"和"桔皮书")以及《土木工程施工分包合同条件》。1999 年 9 月,FIDIC 又出版了新的《施工合同条件》《工程设备与设计—建造合同条件》《EPC 交钥匙工程合同条件》及《合同简短格式》。

(二)FIDIC 编制的各类合同条件的特点

1. 国际性、通用性、权威性

FIDIC 合同条件是在总结国际工程合同管理各方面的经验教训的基础上制定的,并且不断地吸取各方面的意见加以修改完善。既可适用于国际工程,稍加修改后又可用于国内工程。

2. 公正合理、职责分明

合同条件的各项规定具体体现了业主、承包商的义务、权利和职责以及工程师的职责和权限。FIDIC 合同条件中的各项规定也体现了在业主和承包商之间风险合理分担的精神,并且在合同条件中倡导合同各方以坦诚合作的精神去完成工程,合同条件中对有关各方的职责既有明确的规定和要求,也有必要的限制,这一切对合同的实施都是非常重要的。

3. 程序严谨,易于操作

合同条件中对处理各种问题的程序都有严谨的规定,特别强调要及时处理和解决问题,以避免由于任一方拖拉而产生新的问题,另外还特别强调各种书面文件及证据的重要性,这些规定使各方均有规可循,并使条款中的规定易于操作和实施。

4. 通用条件和专用条件的有机结合

FIDIC 合同条件一般都分为两个部分,第一部分是"通用条件"(General conditions);第二部分是"特殊应用条件"(Conditions of Particular Application),也可称为"专用条件"。

通用条件是指对某一类工程都通用,如 FIDIC《土木工程施工合同条件》对于各种类型的土木工程(如工业和民用房屋建筑、公路、桥梁、水利、港口、铁路等)均适用。

专用条件则是针对一个具体的工程项目,考虑到国家和地区的法律法规的不同,项目特点和业主对合同实施的不同要求,而对通用条件进行的具体化、修改和补充。FIDIC 编制的各类合同条件的专用条件中,有许多建议性的措词范例,业主与他聘用的咨询工程师有权决定采用这些措词范例或另行编制自己认为合理的措词来对通用条件进行修改和补充。在合同中,凡合同条件第二部分和第一部分不同之处均以第二部分为准。第二部分的条款号与第一部分相同。这样合同条件第一部分和第二部分共同构成一个完整的合同条件。

(三)如何运用 FIDIC 编制合同条件

1. 国际金融组织贷款和一些国际项目直接采用

在世界各地,凡是世行、亚行、非行贷款的工程项目以及一些国家的工程项目招标文件中,都全文采用 FIDIC 的合同条件(或适当修改),因而参与项目实施的各方都必须十分了解和熟悉这些合同条件,才能保证工程合同的执行并根据合同条件行使自己的职权和保护自己的权利。在我国,凡亚行贷款项目,都全文采用 FIDIC "红皮书"。凡世行贷款项目,财政部编制的招标文件范本中,对 FIDIC 合同条件有一些特殊的规定和修改。

2. 对比分析采用

许多国家和一些工程项目都有自己编制的合同条件,这些合同条件的条目、内容和FIDIC 编制的合同条件大同小异,只是在处理问题的程序规定以及风险分担等方面有所不同。FIDIC 合同条件在处理业主和承包商的风险分担和权利义务上是比较公正的,各项程序也是比较严谨完善的,因而在掌握了 FIDIC 合同条件之后,可以作为一把尺子来与工作中遇到的其他合同条件逐条对比、分析和研究,由此可以发现风险因素以便制定防范风险或利用风险的措施,也可以发现索赔的机遇。

3. 合同谈判时采用

因为 FIDIC 合同条件是国际上权威性的文件,在招标过程中,如果承包商认为招标文件中有些规定不合理或是不完善,可以用 FIDIC 合同条件作为"国际惯例",在合同谈判时要求对方修改或补充某些条款。

4. 局部选择时采用

当咨询工程师协助业主编制招标文件时,或总承包商编制分包项目招标文件时,可以局部选择 FIDIC 合同条件中的某些条款、某些思路、某些程序或某些规定,也可以在项目实施过程中借助于某些思路和程序去处理遇到的问题。

FIDIC 还对"红皮书""黄皮书""白皮书"和"桔皮书"分别编制了"应用指南"。在"应用指南"中除介绍了招标程序、合同各方及工程师的职责外,还对每一条款进行了详细的解释和讨论,对使用者深入理解合同条款很有帮助。

由于目前,世行、亚行的工程采购招标文件标准文本中以及我国财政部的范本中均采用 FIDIC"红皮书"(第 4 版,1992 年版),因而本书也仅介绍 FIDIC"红皮书"。在此要特别强调的是,如果读者在工作中要使用 FIDIC 编制的其他项目的合同条件时,应一律以正式的英文版合同条件文本为准。

总之,系统地、认真地学习 FIDIC 合同条件,将会使每一位参与工程项目管理人员的水平大大地提高一步,使我们在工程项目管理的思路上和做法上更好地与国际接轨。

二、FIDIC《土木工程施工合同条件》

FIDIC"红皮书"第一部分通用条件包括 25 节、72 条、194 款,论述了以下 25 个方面的问题:定义与解释,工程师及工程师代表,转让与分包,合同文件,一般义务,劳务,材料、工程设备和工艺,暂时停工,开工和延误,缺陷责任,变更、增添与省略,索赔程序,承包商的设备、临时工程和材料,计量,暂定金额,指定分包商,证书和支付,补救措施,特殊风险,解除履约,争端的解决,通知,业主的违约,费用和法规的变更,货币和汇率。

合同条件规定了业主和承包商的职责、义务和权利,以及监理工程师(条款中均用"工程师"一词,下同),根据业主和承包商的合同执行对工程的监理任务时的职责和权限。通用条件后面附有投标书、投标书附录和协议书的格式范例。第二部分为专用条件,本节中对通用条件中的 19 个主要问题进行简要的介绍和分析讨论。下面标题后或文字说明后括号内的数字为"红皮书"中相应的条款号。如下仅示例有关第一方面的定义和解释。

1. 工程师的职责概述(2.1)

工程师不属于业主与承包商之间签订合同中的任一方。工程师是独立的、公正的第三方,工程师是受业主聘用的,工程师的义务和权利在业主和咨询工程师的服务协议书附件人 A 中有原则性的规定,而在合同实施过程中,工程师的具体职责是在业主和承包商签订的合同中规定的,如果业主要对工程师的某些职权做出限制,他应在专用条件中做出明确规定。

工程师的职责也可以概括为进行合同管理,负责进行工程的进度控制、质量控制和投资控制以及从事协调工作。

2. 工程监理人员的三个层次及其职责权限(2.2,2.3,2.4)

"红皮书"中将工程施工阶段的监理人员分为三个层次:即工程师、工程师代表和助理(Assistant)。工程师是由业主聘用的咨询或监理单位委派的。工程师代表是由工程师任命的。助理则是由工程师或工程师代表任命的。所有这些委派或任命均应以书面形式通知业主和承包商。

工程师是受业主任命,履行合同中规定的职责,行使合同中规定或合同隐含的权力,除非业主另外授权,他无权改变合同,也无权解除合同规定的承包商的任何义务。至于哪些问题在业主授权范围之内,可以由工程师决定;哪些问题需上报业主批准,则按合同专用条件中的规定办理。

工程师代表是由工程师任命并对工程师负责,工程师可以随时授权工程师代表执行工程师授予的那部分职责和权力。在授权范围内,工程师代表的任何书面指示或批示应如同工程师的指示和批示一样,对承包商有约束力。工程师也可随时撤销这种授权。工程师代表的工作中如果有差错,工程师有权纠正。承包商如对工程师代表的决定有不同意见时,可书面提交工程师,工程师应对提出的问题进行确认、否定或更改。

工程师或工程师代表可以任命助理以协助工程师或工程师代表履行某些职责。工程师或工程师代表应将助理人员的姓名、职责和权力范围书面通知承包商。助理无权向承包商发出他职责和权力范围以外的任何指示。

总之,工程师将经常在工地处理各类具体问题的职权分别授予各个工程师代表,但有关重大问题必须亲自处理。下面比较详细地讨论在执行施工监理任务时,这三个层次各自的职权和分工。

(1)工程师是指由少数级别比较高,经验比较丰富的人员组成的委员会或小组,行使合同中规定的工程师的职权。大部分工程师这一层的成员,不常驻工地,只是不定期去工地考察处理重大问题以及审批驻地工程师呈报的各类报告。和业主研究决定有关重要事宜。下述有关的重要问题必须由工程师亲自处理,(有的需报业主批准)这类问题包含:

①签发工程开工令;

②审查合同分包;

③撤换不称职的承包商的施工项目经理和(或)工作人员;

④签发移交证书、缺陷责任证书、最终报表、最终证书等;

⑤批准承包商递交的部分永久工程设计图纸和图纸变更;

⑥签发各类付款证书,对使用暂定金额、对补充工程预算,承包商申请的索赔以及法规变更引起的价格调整等问题提出意见,上报业主批准;

⑦就工期延长、工程的局部或全部暂停、变更命令(包括增减项目、工期变更、决定价格等)等问题提出意见,上报业主批准;

⑧处理特殊风险引起的问题;

⑨按合同条款规定处理承包商违约或业主违约有关问题;

⑩协调和处理争端引起的要求仲裁有关的问题,其他等

（2）工程师代表指工程师指派常驻工地，代表他行使所委托的那部分职权的人员，通常称为"驻地工程师"（Resident Engineer）。工程师指派工程师代表可以按两种方式指派：一种是按专业分工，如工地现场施工，钻探灌浆，实验室工作等；另一种则按区段，如将一个合同的高速公路分成几个区段。为了能及时解决工地发生的各类问题，工程师可以考虑将下列全部或部分职责和职权委托给工程师代表。

①澄清各合同文件的不一致之处；

②处理不利的外界障碍或条件引起的问题；

③发出补充图纸和有关指示，解释图纸；

④为承包商提供测量所需的基准点、基准线和参考标高，以便工程放线，检查承包商的测量放样结果；

⑤检查施工的材料、工程设备和工艺，并进行现场每一个工序的施工验收；

⑥指示承包商处理有关现场的化石、文物等问题；

⑦计量完工的工程；

⑧检查承包商负责的工地安全、保卫和环保措施；

⑨保存实验和计量记录；

⑩完成竣工图纸（如监理合同有此要求）等。

（3）助理。工程师或工程师代表可指派助理协助他进行一部分工作，这些工作一般是：

①工地施工现场值班，监督承包商现场施工质量；

②派往工地以外的设备制造厂家监督工程设备的用料和加工制造过程；

③派往工地内或工地之外的预制构件或施工用料（如混凝土）加工厂监督保证加工质量；

④其他。

3. 工程师要行为公正（2.6）

工程师虽然是受业主聘用为其监理工程，但工程师是业主和承包商合同之外的第三方，本身是独立的法人单位。

工程师必须按照国家有关的法律、法规和业主、承包商之间签订的合同对工程进行监理。他在处理各类合同中的问题时，在表明自己的意见、决定、批准、确定价值时，或采取影响业主和承包商的权利和义务的任何行动时，均应仔细倾听业主和承包商双方的意见，进行认真的调查研究，然后依据合同和事实做出公正的决定。工程师应该行为公正，既要维护合同中业主的利益，也应维护合同中规定的承包商的利益。

第三节　建筑工程施工合同管理

一、建筑工程合同的管理

（一）合同管理的任务和主要工作

1. 合同管理的任务和主要特点

合同管理是工程建设合同当事人各方对合同实施的具体管理，是保证当事人双方的实际工作满足合同要求的过程。

合同管理的概念是指对项目合同的签订、履行、变更和解除进行监督检查，对合同争议纠纷进行处理和解决,以保证合同依法订立和全面履行。

从合同管理的角度,项目的整个实施过程,可以概括为:签订合同和履行合同两大阶段。

合同管理的中心任务是:利用合同的正当手段避免风险、保护自己,并获取尽可能多的经济效益。

2.合同管理的主要工作

(1)建立管理组织机构,落实管理责任;

(2)做好合同总体策划,规避合同风险;

(3)建立合同实施保证体系;

(4)实施严格、有效的监督和控制;

(5)积极进行有效的索赔和反索赔;

(6)及时、合法处理合同争议和纠纷。

3.工程建设合同管理的特点

(1)工程建设合同管理持续时间长:不仅包括施工期,还包括招投标和合同谈判及保修期,至少1~2年,长的可达5年或更长时间。

(2)合同管理对工程经济效益影响大:合同管理成功和失误对经济效益产生的影响之差能占工程造价的20%。

(3)合同管理必须实行动态管理:合同控制和合同变更管理极为重要。

(4)合同管理影响因素多,风险大:合同文件众多,受外界环境影响大,涉及多方当事人。

(二)合同的变更与转让

1.合同变更及特点

合同成立以后,尚未履行或尚未完全履行以前,当事人就合同的内容达成的修改和补充协议。

特点:是双方协商一致,并在原合同基础上达成的新协议;是合同关系的局部变更,不是对合同内容的全部变更,也不包括主体的变更;变更会产生新的债权债务内容,变更的方式有补充和修改两种,合同变更可以对已完成部分进行变更,也可以对未完成的部分变更。

2.变更后的效力

(1)变更后,被变更部分失去效力,当事人按变更后内容履行。合同变更的实质是以变更后的合同关系取代原有的合同关系。

(2)变更只对未履行部分有效,不对已经进行的内容发生效力,即没有溯及力。合同当事人不得以合同发生了变更,而要求已经履行的部分归于无效。

(3)变更不影响当事人请求损害赔偿的权利。

①合同变更前一方给对方造成的伤害,不受合同变更的影响;

②当事人因合同变更本身给另一方当事人造成损害的,应承担赔偿责任,不得以合同变更是当事人自愿而不负赔偿责任。

3.合同转让

合同转让是指合同的当事人依法将合同的权利和义务全部或部分地转让给第三人。对工程建设合同的转让,一般称为转包。

一般有如下特点:

合同的转让并不改变原合同的权利义务内容;

合同的转让引起合同主体的变化;

合同的转让涉及原合同当事人双方及受让的第三人。

4.合同转让的内容

(1)合同权利的转让

合同中权利人通过协议将其享有的权利全部或部分转让给第三人的行为。

(2)合同义务的转让

债务人经债权人同意,将债务转移给第三人承担。

(3)合同权利义务概括的转让

合同当事人将其在合同中的权利义务一并转让给第三人,由第三人概括的继受这些债权债务。

二、合同总体策划

(一)合同策划

1.合同策划的内容

(1)将项目合理分解成几个独立的合同,并确定每个合同的范围(标段的划分);

(2)选择合适的委托方式和承包方式;

(3)恰当地选择合同种类、形式及条件;

(4)确定合同中一些重要的条款;

(5)决策合同签订和实施过程中一些重大问题;

(6)协调相关合同在内容、时间、组织、技术上的关系。

2.合同策划的依据

(1)项目要求:管理者或承包者的资信,管理水平、能力,项目的界限目标,工程类型、规模、特点,技术复杂程度、工程质量要求和范围等;

(2)资源情况:人力资源、工程资源、环境资源,获得额外资源的可能性等;

(3)市场情况:采购范围、采购条款和条件、市场竞争程度等。

3.合同策划的过程

(1)研究企业战略和项目战略,确定企业和项目对合同的要求;

(2)确定合同的总体原则和目标;

(3)分层次、分对象的合同的一些重大问题进行研究,列出可能选择,综合分析各种选择的利弊得失;

(4)对合同的各个重大问题做出决策和安排,提出合同措施。

(二)业主的合同总体策划

总的来说包括以下内容:

1.与业主签约的承包商

(1)分散平行承包方式的特点

①分散平行承包,业主可分阶段进行招标,可通过协调合同项目管理加强对工程的干预,业主管理工作量大;

②项目前期需要比较充裕的时间;

③承包商之间需要一定的制衡;

④业主要对各承包商之间互相干扰造成大问题承担责任；

⑤分得太细会导致承包商数量太多，管理跨度太大，管理混乱，协调困难，管理费用增加，最终导致总投资增加和工期延长；

⑥对这样的项目，业主必须具备较强的项目管理能力。

（2）全包承包方式的特点

①通过全包可以减少业主面对的承包商的数量，给业主带来很大方便；

②业主事务性管理工作较少，主要提出总体要求，作宏观控制，责任较小，所以合同争执和索赔很少，但对承包者咨询要求较高；

③对承包商而言，避免多头领导，降低管理费用，方便协调、控制、缩短工期；

④综合比较，全包承包方式对双方都更有利。

2. 招标方式的确定

招标方式要根据承包形式、合同类型、工程紧迫程度、业主项目管理能力和期望控制工程建设的程度决定。包括：公开招标、邀请招标、议标。

3. 合同种类的选择

固定单价合同：特点是单价优先。承包者仅承担报价风险，即对报价（主要是单价）的正确性和适宜性承担责任，工程量变化的风险由业主承担。

固定总价合同：以一次包死的总价格委托，价格不因环境的变化和工程量增减而变化。特点是总价优先，承包者报总价，最终按总价结算。通常只有设计变更，合同规定的调价条件，才允许调整价格。双方结算简单，业主无风险，但干预工程的权利较小。

成本加酬金合同：工程最终价格按承包者的实际成本价一定比例的酬金计算。业主承担全部工程量和价格风险。

4. 合同条件的选择

自己起草合同协议，选择标准的合同文本。

需注意的问题：

合同条件应该与双方的管理水平相配套；选用的合同条件最好双方都熟悉，便于执行；合同条件的使用应注意到其他方面的制约。

5. 重要合同条款的确定

①适用于合同关系的法律，以及合同争执仲裁的地点、程序等；

②付款方式：进度付款、分期付款、预付款、承包商垫资；

③合同价格的调整条件、调整范围、调整方法：物价、汇率、关税等；

④合同双方风险的分担：风险在双方间合理分配；

⑤对承包者的激励措施：提前竣工奖、新技术（设计方案）奖等；

⑥通过合同保证对项目的控制权力。

6. 施工合同常用的奖励措施：

①提前竣工的奖励：提前一个工作日奖励多少；

②提前竣工，将项目提前投产实现的盈利在合同双方之间按一定比例分成；

③承包商如能提出新的设计方案、新技术，使业主节约投资，则按一定比例分成；

④奖励型成本加酬金合同。

7. 资格预审的标准和评标标准

①确定资格预审的标准和允许参加投标的单位数量——保证一定的数量；

②过多——工作量大,招标时间长;过少——开标时会很被动;

③定标的标准——综合评标法更广泛。

(三)承包者的合同总体策划

1.服从于承包者的基本目标和企业经营战略

主要包括:

(1)投标方向的选择;

(2)承包市场情况、竞争的形式;

(3)承包商自身的情况、竞争者数量及情况,中标的竞争力及可能性;

(4)项目情况:技术难度、时间、承包方式、合同种类;

(5)业主情况:业主资信、业主建设资金准备情况、企业运行。

2.合同风险的总评价

(1)工程规模较大、工期长,而采用固定总价合同;

(2)采用固定总价合同,但图纸不详细、工程量不准确;

(3)做标期短、合同条件不熟悉;

(4)工程环境不确定性大。

大量工程时间表明,如果工程中存在上述问题,则工程可能彻底失败,甚至可能将整个承包企业拖垮。

3.合作方式的选择

(1)分包。通过分包,可以将总合同的风险部分转嫁给分包商,大家共同承担总承包合同风险,提高经济效益。

过多的分包会造成管理层次增加和协调困难,业主会怀疑承包商能力。

(2)联合承包。两家或两家以上的承包者联合投标,共同承接工程。

联合成员间关系平等,按各自完成的工程量进行工程款结算,按各自投入资金的比例分割利润。

4.合同执行战略

是承包者按企业和项目的具体情况确定的执行合同的基本方针,如:

(1)该项目在企业同期许多项目中的地位、重要性,确定优先等级;

(2)以积极合作的态度热情圆满地履行合同;

(3)对明显导致亏损的项目,特别是企业难以承受的亏损,或者业主资信不好,难以继续合作,有时可以主动的终止合同,比继续执行合同损失要小。

三、合同风险管理

早期的工程项目管理决策,多考虑项目的代价和计划,对风险考虑很少。现代工程项目管理与传统工程项目管理的不同之处,是引入了风险管理。

(一)风险

1.含义

风险是指从事某项特定活动中因不确定性而产生的经济或财务损失、自然破坏或损伤的可能性;是一种可以通过分析,推算其概率分布的不确定性事件;通常风险是针对损失而言的。

2. 建设项目所面临的典型风险

(1)未能按规定的设计和建设工期完成;

(2)在设计阶段未能按时获得总体规划、详细规划或建设法规要求的批准;

(3)未预料到的不利地质条件导致项目延误;

(4)异常的恶劣气候导致项目延误;

(5)工人罢工;

(6)未预料到的人工费和材料价格上涨;

(7)项目完成后,未能租出或售出;

(8)现场操作事故导致人员伤亡;

(9)不可抗力。

3. 风险的基本特征

风险的特征是指风险的本质及其发生规律的表现。

(1)客观性:客观存在,双方都可能遇到;

(2)不确定性:可能发生,也可能不发生;

(3)可预测性:风险分析;

(4)损失性:直接损失(实质的、直接的损失);间接损失(额外费用损失、收入损失、责任损失);

(5)结果双重性:风险、利润共存。

风险具有诱惑效应和约束效应,两种效用同时存在,相互作用。人们的选择是两种效用相互作用的结果。

4. 风险分类

(1)按类型:

①纯风险(静态风险):没有潜在收益,常由事故或技术失误导致;

②投机风险:同时存在亏损和获得收益的可能。

(2)风险来源:

①大环境风险:政治、社会、经济及其他外界风险;

②自然风险:地质、水文、气象等自然条件及项目周围环境的不安全;

③商务风险:来自项目参与者双方或其他第三方;

④特殊风险:特殊因素,爆炸、放射性污染等。

(3)风险危害程度:

①极端严重风险:一旦发生足以对业主或承包商造成致命危害;

②严重危险风险:虽严重,但非致命,有可能转移、避免或缩小危害;

③一般危险风险:一般常见风险。

(4)按认识风险的难度:

①现实风险:业已显现的风险;

②潜在风险:有发生的潜在因素,往往在某种条件诱发下发生;

③假想风险:在惧怕或多疑心理下形成。

(5)风险可控程度:

①可控风险:决策者自愿承担的风险,并且其后果部分的在其直接控制范围内;

②不可控风险:来自外界环境、政治、社会、经济方面。

5.风险分配的原则

(1)从项目的整体角度出发,最大限度地发挥双方的积极性。

①业主可以得到一个合理报价;

②减少合同的不确定性;

③最大限度发挥合同双方风险控制和履约的积极性。

(2)公平合理,责权利平衡。

①风险责任与权利之间应平衡;

②风险责任与机会对等;

③承担的可能性和合理性。

(3)符合惯例:公平合理;双方都比较熟悉。

(二)风险管理

1.风险管理的概念

在风险分析和评价的基础上,管理者或决策者有目的、有意识地通过计划、组织和控制等管理活动来阻止风险的发生,削弱损失发生的影响程度,以获取最大利益的过程。

风险管理的目的将所有应做的工作都做到,以确保项目目标的实现。

2.风险管理的任务

在招标投标过程中和合同签订前对风险作全面分析和预测;对风险进行有效预防;在合同实施中对可能发生,或已经发生的风险进行有效控制。

3.风险管理过程

风险识别:识别风险的来源和种类。

风险分类:研究各类风险及其对组织和个人的影响。

风险分析:运用分析技术,研究风险和风险组合的后果,通过运用风险度量技术评价风险造成的影响。

风险回应:通过采用将风险转移给另一方或将风险自留等方式,研究如何对风险进行管理。

4.对待风险的各种不良方式

雨伞方式——考虑所有可能出现的情况,在价格中加一笔高额的风险费用。

鸵鸟方式——自以为一切都会顺利,总能应付过去。

直觉方式——不相信分析,只相信直觉。

蛮干方式——把精力花在对付不可控制的风险上。

5.风险分析的依据

(1)对环境状况的了解程度;

(2)对文件分析的全面程度、详细程度和准确性;

(3)对对方资信和意图了解的深度和准确性;

(4)对引起风险的各种因素的合理预测及预测的准确性。

6.风险分析的目标

损失发生前:节约经营成本;减少忧虑心理;达到应尽社会责任。

损失发生后:维持组织继续生存;使组织收益稳定;使组织继续发展。

7.风险分析的主要内容

实质:找出所有可能的选择方案,并分析任一决策可能产生的后果。

包括:风险发生的可能性和产生后果的大小两个方面。

风险分析的目标可分为损失发生前的目标和损失发生后的目标。

8. 承担风险的基本准则

(1)不为蝇头小利去冒过大的风险;

(2)始终实现制订计划;

(3)既要分析风险的来源,又要分析其后果;

(4)制订备选方案以作为应急措施;

(5)不借他人作为不采取行动的理由;

(6)不机械地根据理论去承担风险;

(7)不去承担超过自己能力限度的风险;

(8)多咨询专家的意见。

9. 风险防范的一般方法

风险回避:改变原计划以消除风险或风险条件。

风险降低:采取有效措施减轻损失发生时或发生后的损失程度。

风险转移:将有些风险因素采取一定的措施转移给第三方。

风险自留:当事人决定不变更原来的计划而是面对风险,接受风险事件的后果。

10. 业主的风险防范

(1)认真编制好招标文件和相应的合同文件;

(2)认真对投标人进行资格预审;

(3)做好评标、定标工作;

(4)聘请信誉良好的监理工程师;

(5)高度重视开工前及工程实施过程中协调管理;

(6)利用经济、法律等手段约束承包商的履约行为。

11. 承包商的风险防范

(1)大环境的风险防范;

(2)自然风险的防范:将可能发生的因素明确地规定为不可抗力,并写明一旦发生这类事件时的解决方法,参加保险;

(3)商务风险的防范:主要来自业主及其所处的环境,因此对其防范主要针对业主。

第四节　建筑工程施工索赔

索赔是一种避免风险的方法。工程建设索赔是承包商保护自身正当权益,弥补工程损失,提高经济效益的重要和有效手段。许多工程项目,通过索赔使收入改善达到总造价的10% ~20%。

一、工程建设索赔

(一)工程建设索赔的含义

工程建设索赔(claim)通常是指工程合同履行过程中,对于并非自己的过错,而是应由对方承担责任的情况造成的实际损失,向对方提出经济补偿和(或)工期顺延的要求。

索赔主要指施工索赔,是一种正当的权利要求。

（二）索赔的基本特征

（1）索赔是双向的，不仅承包商可以向业主索赔，业主同样可以向承包商索赔。

承包商可索赔，业主亦可反索赔，双向进行，无主动被动之分。

（2）只有实际发生了经济损失或权利损害，一方才能向对方索赔。

经济损失——因对方造成的合同外的额外支出，如人工费、材料费、机械费、管理费等。

权利损害——虽然没有经济上的损失，但造成一方权利上的损害，如恶劣条件影响进度，可要求工期延长。

（3）索赔是一种未经确定的单方行为。

能否最终实现，要通过确认（协商、谈判、调解、仲裁、诉讼等）后才能实现。

（4）索赔的成败，取决于是否获得了对自己有利的证据。

索赔依据不充分、证据不足、方式不当是不可能成功的。

（5）对特定干扰事件的索赔，没有固定的模式，统一的标准。

首先要弄清影响索赔的主要因素：合同背景，即合同的具体规定；业主的管理水平；承包商的管理水平。

（三）索赔要求

1. 合同工期的延长

合同中都有工期（开始期和持续期）和工程延缓的罚款条款。承包商引起的——接受合同处罚；外界干扰引起的——通过索赔，取得业主对合同工期延长的认可。

2. 费用补偿

由于非承包商自身责任造成工程承包的增加，使承包商增加额外费用，蒙受经济损失，承包商可依据合同提出索赔。经业主认可后，业主应向承包商追加这笔费用以补偿损失。

（四）索赔与违约责任

索赔事件的发生，不一定在合同文件中有约定；违约责任必然是合同所约定的。

索赔事件的发生，可以是行为引起的，也可是不可抗力所引起的；违约责任必须有合同不能履行或不能完全履行的违约事实存在。发生不可抗力可免除当事人违约责任。

索赔事件的发生，可以是合同当事一方引起，也可是第三方行为引起；违约则是当事人一方或双方过错造成的。

一定要有造成损失的结果才能提出索赔，索赔具有补偿性；合同违约不一定要造成损失，违约具有惩罚性。

索赔的损失结果与被索赔人的行为不一定具有因果关系；违约合同的行为与违约事实之间有因果关系。

（五）索赔事件及其发生率

1. 索赔事件

索赔事件又称干扰事件，是指那些使实际情况与合同规定不符合，最终引起工程和费用变化的事件。表现为如下现象：工程实施偏离合同；工程环境有了特殊变化；业主和咨询工程师发出了工程变更指令。

2. 承包商可提出索赔的事件

（1）业主没有按照合同规定要求交付设计资料、图纸，导致延期。

（2）业主没有按合同规定的日期交付施工场地及行驶道路、接通水电源等，使承包商工作人员和设备不能及时进场，工程不能及时开工。

（3）工程地质和合同有出入。

（4）业主或监理工程师变更指令改变原合同施工顺序、施工方法等，打乱承包商施工部署。

①工程量临时变更；

②设计变更、设计失误；

③业主没能按合同规定时间、数量支付工程款；

④物价大幅上涨，合同中订有调价条款；

⑤国家法令和政策的修改，如提高税率；

⑥货币贬值，使承包商蒙受较大汇率损失；

⑦还包括：不可抗力；合同本身缺陷等。

3. 发包人可提出索赔的事件

（1）施工责任

当承包人的施工质量不符合施工技术规程的要求，或在保修期未满以前未完成应该负责修补的工程时，发包人有权向承包人追究责任。如果承包人未在规定的时限内完成修补工作，发包人有权雇佣他人来完成工作，发生的费用由承包人负担。

（2）工期延误

在工程项目的施工过程中，由于承包人的原因，使竣工日期拖后，影响到发包人对该工程的使用，给发包人带来经济损失时，发包人有权对承包人进行索赔，即由承包人支付延期竣工违约金。建设工程施工合同中的误期违约金，通常是由发包人在招标文件中确定的。

（3）承包人超额利润

如果工程量增加很多（超过有效合同价的 15%），使承包人预期的收入增大，因工程量增加承包人并不增加固定成本、合同价应由双方讨论调整，发包人有权收回部分超额利润。由于法规的变化导致承包人在工程实施中降低了成本，产生了超额利润，也应重新调整合同价格，收回部分超额利润。

（4）指定分包商的付款

在工程承包人未能提供已向指定分包商付款的合理证明时，发包人可以直接按照工程师的证明书，将承包人未付给指定分包商的所有款项（扣除保留金）付给该分包商，并从应付给承包人的任何款项中如数扣回。

（5）承包人不履行的保险费用

如果承包人未能按合同条款指定的项目投保，并保证保险有效，发包人可以投保并保证保险有效，发包人所支付的必要的保险费可在应付给承包人的款项中扣回。

（6）发包人合理终止合同或承包人不正当地放弃工程

如果发包人合理地终止承包人的承包，或者承包人不合理地放弃工程，则发包人有权从承包人手中收回由新的承包人完成工程所需的工程款与原合同未付部分的差额。

（7）由于工伤事故给发包方人员和第三方人员造成的人身或财产损失的索赔，以及承包人运送建筑材料及施工机械设备时损坏了公路、桥梁或隧洞，交通管理部门提出的索赔等。

上述这些事件能否作为索赔事件，进行有效的索赔，还要看具体的工程和合同背景、合同条件，不可一概而论。

4. 索赔事件的发生率

近年来,由于土木建筑市场竞争激烈,索赔无论在数量或金额上都呈不断递增的趋势,已引起发包人、承包人及有关各方越来越多的关注。美国某机构曾对政府管理的各项工程的索赔事件进行了系统调查,其结果可作为参考。

(1)索赔次数和索赔成功率

被调查的 22 项工程中,共发生施工索赔 427 次,平均每项工程索赔约 20 次,其中 378 次为单项索赔,49 次为综合索赔。单项索赔中有 17 次、综合索赔中有 12 次,皆因证据不足而被对方撤销,撤销率占 6.8%,即索赔成功率为 93.2%,单项索赔成功率为 95.5%,综合索赔成功率为 75.5%。工程索赔率(即索赔成功后获得的赔偿费占合同额的比例)为:增量索赔率 6%,减量索赔率为 0.37%。

(2)索赔与工期延长要求

在 313 次增量索赔中,有 80 次索赔同时要求延长工期,要求延期的索赔次数占增量索赔总数的 25.6%,每项索赔平均延长 20 天。

(3)索赔的比例分布

在被调查的工程中,索赔主要是由于设计错误、工程变更、现场条件变化、恶劣气候和罢工及其他等五种因素造成。

(4)相关因素分析

调查结果表明:

①工程规模越大,施工索赔的机会和次数就越多。其中大于 500 万美元的工程共发生索赔次数 151 次,占总次数的 48%,获得的赔偿费达 391.7 万美元,占总赔偿费的 64%。

②中标的标价低于次低标价的幅度越大,索赔发生率就越高。据统计,低于次低标价 10% 以内中标的工程,其索赔发生次数为 34 次,占索赔总次数的 13%,获得赔偿费 83.1 万美元,占赔偿总额的 15%。而低于次低标价 10% 以上中标的工程,共发生索赔 231 次,占索赔总次数的 87%,获得赔偿费 481.2 万美元,占赔偿总额的 85%。

银行贷款项目鲁布革引水系统工程,是我国第一个实行国际招标和按国际惯例运行的试点项目。该工程合同价为 8 463 万元人民币,仅为标底价 14 958 万元的 56.9%,合同工期为 1 597 天,最后工程实际提前四个月完成。在工程实施过程中,共发生 21 起单项费用索赔和 1 起工期索赔。

按造成索赔原因分析,由于业主违约引起的索赔有 7 起,占总数的 33.3%,占第一位。由于供应当地材料的指定分包商违约引起的索赔有 6 起,占总数的 28.6%,占第二位。其他单独原因分别引起的次数都很少。

从各类索赔金额所占比重分析,不利自然条件索赔虽然只有 2 次,但其金额却占索赔总额的 61.2%,居第一位。分包商违约索赔占第二位,索赔金额占总额的 20.5%。业主违约索赔额占 10.7%,位于第三。同其他国际工程合同相比,合同缺陷和工程变更造成的索赔所占比重较小。

鲁布革工程承包人的索赔总额为 229.1 万人民币,占合同总额的 2.83%。咨询专家认为:如此低额的索赔在大型国际土建合同实践中是少见的,这是一个不具有普遍性的特例,主要原因有以下几点:

①合同工程相对简单,招标时设计达到较好的深度,使得实施中工程变更很少;

②合同文件比较完善、严密;

③双方都具有较强的合同意识、能够恪守合同,在处理索赔事件时都能本着实事求是的态度,通过协商解决;

④承包人为了能更好地进入中国建筑市场,忽略了许多根据合同条款可以索赔的事件。如不可预见的较大不良地质条件造成的生产率降低和其后加速施工增加的额外费用;实际地下渗水量数倍于业主提供的数据,造成开挖工作面淹没带来的额外费用;由于人民币大幅度贬值造成成本增加等。

(六)索赔的产生

1.产生原因

建设项目本身的诸多特性造成其不确定性因素较多;索赔实际上是工程实施阶段承包商和业主之间在承担工程风险比例上的合理再分配。

2.索赔的条件

客观性:确实存在不符合合同或违反合同的干扰事件,他对承包商的工期和成本造成影响。

合法性:索赔要求必须符合该工程合同的规定。

合理性:能真实反映由于干扰事件引起的实际损失,采用合同里计算方法和计算基础。

二、索赔管理

(一)索赔管理的任务

通常工程的利润为造价的 3% ~ 5%;索赔能使工程收入增加达工程造价的10% ~20%。

1.索赔意识

法律意识:索赔时法律赋予承包商的正当权利,是保护自己正当权益的手段。

市场经济意识:市场经济环境中,索赔时在合同规定的范围内,合理合法地追求经济效益的手段。

工程管理意识:索赔工作涉及工程项目管理的各个方面。要取得索赔的成功,必须提高整个工程项目的管理水平,将索赔管理贯穿于工程项目的全过程。

2.索赔管理的任务

(1)预测索赔机会

承包商对索赔要有充分准备,在报价、合同谈判时要考虑其影响。

(2)在合同实施中寻找和发现索赔机会

任何工程中,干扰事件都不可避免,关键在于承包商能否及时发现并抓住索赔机会。承包商应对索赔机会有敏锐的感觉。

(3)处理索赔事件,解决索赔争执

一经发现索赔机会,应迅速做出反应。包括:向监理工程师和业主提出索赔意向;调查干扰事件,寻找索赔理由和证据;向业主递交索赔报告。

(二)索赔管理和合同管理其他职能的关系

合同是索赔的依据,索赔是合同的继续。

签订一个有利的合同是索赔成功的前提:合同有利,则承包商在工程中处于有利地位。

在合同分析、合同监督和跟踪中发现索赔机会:索赔的依据在于日常工作的积累,在于对合同执行的全面控制。

合同变更直接作为索赔事件：合同变更如果引起工期拖延和费用增加就可能导致索赔。

合同管理提供索赔所需要的证据。

（三）索赔的分类

1.按索赔的当事人分

（1）承包商与业主间的索赔

大多是有关工程量计算、变更、工期、质量、价格方面的争议，也有中断或终止合同等其他违约行为的索赔。

（2）承包商与分包商间的索赔

与前一种相似，但大多是分包商向总包商索要付款和赔偿及承包商向分包商罚款。

（3）承包商与供应商间的索赔

商贸方面：货物质量不合要求、数量短缺、延期等。

（4）承包商与保险公司间的索赔

承包商受到灾难、事故或其他损失，按保单索赔。

2.按索赔事件的性质分

（1）工期延误索赔

业主未按合同要求提供施工条件：图纸、道路、现场；

因业主指令工程暂停或不可抗力使其拖延。

（2）工期变更索赔

业主或工程师指令增加或减少工程量、修改设计。

（3）工程终止索赔

业主违约或发生了不可抗力造成工程非正常终止。

（4）工程加速索赔

业主或工程师指令承包商加快施工速度，缩短工期。

（5）意外风险和不可预见因素索赔

因不可抗力的自然灾害、特殊风险以及不能合理预见的不利施工条件（地下水、地质断层、溶洞）等。

（6）其他索赔

货币贬值、汇率变化、物价、工资上涨、政策法令变化。

3.按索赔处理方式分

（1）单项索赔

①针对某一干扰事件提出；

②通常原因简单，责任单一，分析起来相当容易；

③由于涉及金额一般较小，双方容易达成协议，处理起来也比较简单。

（2）综合索赔

①又称一揽子索赔。在工程竣工前或工程移交前，承包商将单项索赔集中起来综合考虑，提出一份综合索赔报告。

②由于许多干扰事件交织在一起，责任分析和索赔计算都很困难，索赔涉及的金额义较大，双方不易让步。

③成功率比单项索赔低。

4.索赔的基本方针与反索赔

(1)基本方针

全面履行合同义务;着眼于重大索赔;注意灵活性;变不利为有利,变被动为主动。

承包商权力有限,常处于被动地位　要努力把握索赔机会。

(2)反索赔

①找出说明事实的理由和根据,以否定对方提出的索赔;

②以事实或确凿证据论证对方索赔没有理由;

③以自己的索赔抵制对方的索赔;

④承认干扰事件存在,但指出对方不应提出索赔;

⑤承认干扰事件存在,反驳对方索赔超过规定期限,计算方法错误,计算基础不合理,计算结果不成立。

三、索赔的处理和解决

(一)索赔的依据和证据

1.索赔的依据

现行的法律、法规、合同文件,及《建设工程施工合同》的施工索赔条款。

2.索赔的证据

(1)当事人用来支持其索赔成立或与索赔有关的证明文件和资料;

(2)各种工程合同文件;

(3)施工日志;

(4)工程照片;

(5)会谈纪要;

(6)工程进度计划;

(7)工程结算资料和有关财务报告;

(8)各种检查验收报告和技术鉴定报告。

(二)索赔重点和原则

1.索赔的重点

下列情况下应提出索赔:

(1)工程变更:设计变更、增减工程量;

(2)工期延长:由于业主或监理工程师原因造成的;

(3)特殊风险:不可预见的风险;

(4)工程加速;

(5)工程保险;

(6)工程暂停、终止;

(7)业主或监理工程师违约;

(8)施工条件的变化。

2.索赔原则

(1)成本费用原则。费用索赔时应计算窝工人工费和机械闲置台班费。并且只计算直接费损失,不考虑其管理费和利润。

(2)初始延误原则——处理多起索赔共同作用下的情况。

索赔事件发生在先者承担索赔责任。

（3）风险共担原则——针对不可抗力而言。

工程本身的损害、因工程导致的第三方人员伤亡和财产损失及现场材料、设备损害，业主承担；业主、承包商各自人员伤亡，由各自负责并承担费用；工程所需修复和现场清理费业主承担；承包商机械、设备损坏及停工，承包商承担；

停工期间，现场管理人员和保卫人员费用，业主承担。

（4）索赔必须具有合同依据、索赔理由充分、程序恰当。

具体来说，与合同对照，事件已造成了承包人施工成本的额外支出或总工期延误；造成费用增加或工期延误的原因，按合同约定不属于承包人应承担的责任；承包人按合同规定的程序提交了索赔意向通知和索赔报告，以上是索赔得以成立的先决条件。

（5）在索赔事件初发时承包商必须采取控制措施。

凡遇偶然事故发生影响工程施工时，承包商有责任采取力所能及的一切措施，防止事态扩大，尽力挽回损失。如确有事实证明承包商在当时未采取任何措施，业主可拒绝其补偿损失的要求。

（6）认真核定索赔工期、费用，使之更加合理、准确，如计算工期索赔，要看被延误的工作是否处于施工进度计划关键线路上的施工内容，位于关键线路上的工作内容的滞后，才会影响到竣工日期。若对非关键路线工作的影响事件超过了该工作可用于支配的时间，其滞后将影响总工期的拖延。如计算费用索赔时，增加工作内容的人工费应按照日工资计算，而停工损失中的人工费，不能以日工资计算，通常采取人工单价乘以折算系数或窝工费计算；工作内容增加引起的设备费索赔时，设备费的标准按照机械台班费计算，停驶的机械费补偿，应按机械折旧费或设备租赁费计算，不应包括运转操作费用。再如施工期间遭遇不可抗力，对承包方的人员伤亡、机械设备损坏及停工损失，不予补偿，但延误的工期可相应顺延。

（7）费用索赔应计算实际损失为原则，在计算赔偿金额时，应遵循下述两个原则：所有获得赔偿金额都应该是施工单位为履行合同所必须支出的费用；按此金额获得赔偿后，应是施工单位恢复到未发生事件前的财务状况。即施工单位不致因赔偿事件而遭受任何损失，但也不得因赔偿事件而获得额外收益。

3. 索赔的定量计算

（1）工期索赔

①按单项索赔事件计算。

关键工作：工期补偿＝延误时间；

非关键工作：当延误时间≤总时差时，不予补偿；

当延误时间＞总时差时，工期补偿＝延误时间－总时差。

②按总体网络综合计算。

工期补偿＝"计划＋补偿"工期－计划工期；

"计划＋补偿"工期——仅考虑业主责任及不可抗力影响的网络计算工期；

计划工期——承包商的初始网络计算工期。

（2）费用索赔

①合同内的窝工闲置。

人工费——按窝工标准计算，一般只考虑将这部分工人调作其他工作时的降效损失；

机械费——自有机械按折旧费或停滞台班费计算；

租赁机械——按合同租金计算。

②合同外的新增工程。

除人工费、材料费、机械台班费按合同单价计算外，还应补偿管理费和利润损失。

（三）索赔程序与解决方法

1. 索赔程序

索赔程序：索赔意向的提出；索赔文件的提交；监理工程师（业主）对索赔文件的审核；索赔的处理和解决。

2. 索赔的解决方法

索赔的解决方法：谈判、调解、仲裁。

四、工程索赔的案例

（一）案例背景资料

某施工单位与建设单位按《建设工程施工合同（示范文本）》签订了可调整价格施工承包合同，合同工期 390 天，合同总价 5 000 万元。合同中约定按建标【2003】06 号文综合单价法计价程序计价，其中间接费率为 20%，规费费率为 5%，取费基数为：人工费与机械费之和。

该工程在施工过程中出现了如下事件：

（1）因地址勘探报告不详，出现图纸中未标明的地下障碍物，处理该障碍物导致工作 A 持续时间延长 10 天（该工作处于非关键线路上且延长时间未超过总时差），增加人工费 2 万元、材料费 4 万元、机械费 3 万元。

（2）因不可抗力而引起施工单位的供电设施发生火灾，使工作 C 持续时间延长 10 天（该工作处于非关键线路上且延长时间未超过总时差），增加人工费 1.5 万元、其他损失费用 5 万元。

（3）结构施工阶段因建设单位提出工程变更，导致施工单位增加人工费 4 万元、材料费 6 万元、机械费 5 万元，工作 E 持续时间延长 30 天（该工作处于关键线路上）。针对上诉事件，施工单位按程序提出了工期索赔和费用索赔。

（二）案例分析

索赔是在工程承包合同履行过程中，当事人一方由于另一方未履行合同所规定的义务或者出现了应当由对方承担的风险而遭受损失时，向另一方提出赔偿要求的行为。索赔具有三个基本特征：其一，索赔是双向的，不仅承包人可以向发包人索赔，发包人同样也可以向承包人索赔。一般情况下，承包方向发包方索赔称为索赔，反之为反索赔。其次，只有实际发生了经济损失或权利损害，一方才能向对方索赔。再次，索赔是一种未经对方确认的单方行为，其对对方尚未形成约束力，这种索赔要求能否得到最终实现，必须要通过确认（如双方协商、调解、仲裁或诉讼）后才能定夺。本案例中事件（1）因为图纸未标明的地下障碍物属于建设单位风险的范畴，根据《标准施工招标文件》中合同条款 4.11.2 规定当承包人遇到不利物质条件时可以合理得到工期和费用补偿；事件（2）根据《标准施工招标文件》

中合同条款21.3.1规定建设单位承担不可抗力的工期风险,发生的费用由双方分别承担各自的费用损失,因此只能合理获得工期补偿;事件(3)建设单位工程变更属建设单位的责任,可以获得工期和费用补偿。又因为事件(1)和事件(2)的施工内容都位于非关键线路上,且延期都未超过该工作的总时差。故本案例中施工单位得到的工期补偿为事件(3)中工作E的延期30天。得到的费用补偿有事件(1)9万元、事件(3)15万元、企业管理费$(2+4+3+5)\times(20\%-5\%)=2.1$万元,共26.1万元。

在上述案例中,施工单位要索赔,遵循索赔的原则和程序,索赔报告完整,索赔计算以实际完成工程量、签订的合同、双方协商文件、签证、会议纪要等为依据。考虑事件发生的实际情况,采取积极措施,防止事态扩大,故此项索赔得到业主的批复,获得合理的赔偿。

案例分析题

[案例背景]

某工程项目(未实施监理),由于勘察设计工作粗糙(招标文件中对此也未有任何说明),基础工程实施过程中不得不增加了排水和加大基础的工程量,因而承包商按下列工程变更程序要求提出工程变更:

1. 承包方书面提出工程变更书;

2. 送交发包人代表;

3. 与设计方联系,交由业主组织审核;

4. 接受(或不接受),设计人员就变更费用与承包方协商;

5. 设计人员就工程变更发出指令。

试分析问题:背景中的变更程序有什么不妥?

建设工程施工合同
（示范文本）
（GF—2013—0201）

住房和城乡建设部
国家工商行政管理总局　制定

说　明

为了指导建设工程施工合同当事人的签约行为,维护合同当事人的合法权益,依据《中华人民共和国合同法》《中华人民共和国建筑法》《中华人民共和国招标投标法》以及相关法律法规,住房城乡建设部、国家工商行政管理总局对《建设工程施工合同(示范文本)》(GF—1999—0201)进行了修订,制定了《建设工程施工合同(示范文本)》(GF—2013—0201)(以下简称《示范文本》)。为了便于合同当事人使用《示范文本》,现就有关问题说明如下:

一、《示范文本》的组成

《示范文本》由合同协议书、通用合同条款和专用合同条款三部分组成。

(一)合同协议书

《示范文本》合同协议书共计13条,主要包括:工程概况、合同工期、质量标准、签约合同价和合同价格形式、项目经理、合同文件构成、承诺以及合同生效条件等重要内容,集中约定了合同当事人基本的合同权利义务。

(二)通用合同条款

通用合同条款是合同当事人根据《中华人民共和国建筑法》《中华人民共和国合同法》等法律法规的规定,就工程建设的实施及相关事项,对合同当事人的权利义务做出的原则性约定。

通用合同条款共计20条,具体条款分别为:一般约定、发包人、承包人、监理人、工程质量、安全文明施工与环境保护、工期和进度、材料与设备、试验与检验、变更、价格调整、合同价格、计量与支付、验收和工程试车、竣工结算、缺陷责任与保修、违约、不可抗力、保险、索赔和争议解决。前述条款安排既考虑了现行法律法规对工程建设的有关要求,也考虑了建设工程施工管理的特殊需要。

(三)专用合同条款

专用合同条款是对通用合同条款原则性约定的细化、完善、补充、修改或另行约定的条款。合同当事人可以根据不同建设工程的特点及具体情况,通过双方的谈判、协商对相应的专用合同条款进行修改补充。在使用专用合同条款时,应注意以下事项:

1. 专用合同条款的编号应与相应的通用合同条款的编号一致;

2. 合同当事人可以通过对专用合同条款的修改,满足具体建设工程的特殊要求,避免直接修改通用合同条款;

3. 在专用合同条款中有横道线的地方,合同当事人可针对相应的通用合同条款进行细化、完善、补充、修改或另行约定;如无细化、完善、补充、修改或另行约定,则填写"无"或画"/"。

二、《示范文本》的性质和适用范围

《示范文本》为非强制性使用文本。《示范文本》适用于房屋建筑工程、土木工程、线路管道和设备安装工程、装修工程等建设工程的施工承发包活动，合同当事人可结合建设工程具体情况，根据《示范文本》订立合同，并按照法律法规规定和合同约定承担相应的法律责任及合同权利义务。

第一部分　合同协议书

发包人(全称)：_____

承包人(全称)：_____

根据《中华人民共和国合同法》《中华人民共和国建筑法》及有关法律规定，遵循平等、自愿、公平和诚实信用的原则，双方就工程施工及有关事项协商一致，共同达成如下协议：

一、工程概况

1. 工程名称：_____。

2. 工程地点：_____。

3. 工程立项批准文号：_____。

4. 资金来源：_____。

5. 工程内容：_____。

群体工程应附《承包人承揽工程项目一览表》(附件1)。

6. 工程承包范围：

_____。

二、合同工期

计划开工日期：_____年_____月_____日。

计划竣工日期：_____年_____月_____日。

工期总日历天数：_____天。工期总日历天数与根据前述计划开竣工日期计算的工期天数不一致的，以工期总日历天数为准。

三、质量标准

工程质量符合_____标准。

四、签约合同价与合同价格形式

1. 签约合同价为：

人民币(大写)_____(￥_____元)。

其中：

(1)安全文明施工费：

人民币(大写)_____(￥_____元)。

(2)材料和工程设备暂估价金额：

人民币(大写)_____(￥_____元)。

(3)专业工程暂估价金额：

人民币(大写)_____(￥_____元)。

（4）暂列金额：

人民币（大写）_____（￥_____元）。

2.合同价格形式：_____.

五、项目经理

承包人项目经理：_____。

六、合同文件构成

本协议书与下列文件一起构成合同文件：

（1）中标通知书（如果有）；

（2）投标函及其附录（如果有）；

（3）专用合同条款及其附件；

（4）通用合同条款；

（5）技术标准和要求；

（6）图纸；

（7）已标价工程量清单或预算书；

（8）其他合同文件。

在合同订立及履行过程中形成的与合同有关的文件均构成合同文件组成部分。

上述各项合同文件包括合同当事人就该项合同文件所做出的补充和修改，属于同一类内容的文件，应以最新签署的为准。专用合同条款及其附件须经合同当事人签字或盖章。

七、承诺

1.发包人承诺按照法律规定履行项目审批手续、筹集工程建设资金并按照合同约定的期限和方式支付合同价款。

2.承包人承诺按照法律规定及合同约定组织完成工程施工，确保工程质量和安全，不进行转包及违法分包，并在缺陷责任期及保修期内承担相应的工程维修责任。

3.发包人和承包人通过招投标形式签订合同的，双方理解并承诺不再就同一工程另行签订与合同实质性内容相背离的协议。

八、词语含义

本协议书中词语含义与第二部分通用合同条款中赋予的含义相同。

九、签订时间

本合同于_____年_____月_____日签订。

十、签订地点

本合同在_____签订。

十一、补充协议

合同未尽事宜，合同当事人另行签订补充协议，补充协议是合同的组成部分。

十二、合同生效

本合同自＿＿＿＿＿＿＿＿＿＿＿＿＿＿＿＿＿＿＿生效。

十三、合同份数

本合同一式＿＿＿＿＿＿份,均具有同等法律效力,发包人执＿＿＿＿＿＿份,承包人执＿＿＿＿＿＿份。

发包人:(公章)　　　　　　　　　　承包人:(公章)

法定代表人或其委托代理人:　　　　法定代表人或其委托代理人:

(签字)　　　　　　　　　　　　　　(签字)

组织机构代码:＿＿＿＿＿＿＿＿＿　组织机构代码:＿＿＿＿＿＿＿＿＿

地址:＿＿＿＿＿＿＿＿＿＿＿＿＿　地址:＿＿＿＿＿＿＿＿＿＿＿＿＿

邮政编码:＿＿＿＿＿＿＿＿＿＿＿　邮政编码:＿＿＿＿＿＿＿＿＿＿＿

法定代表人:＿＿＿＿＿＿＿＿＿＿　法定代表人:＿＿＿＿＿＿＿＿＿＿

委托代理人:＿＿＿＿＿＿＿＿＿＿　委托代理人:＿＿＿＿＿＿＿＿＿＿

电话:＿＿＿＿＿＿＿＿＿＿＿＿＿　电话:＿＿＿＿＿＿＿＿＿＿＿＿＿

传真:＿＿＿＿＿＿＿＿＿＿＿＿＿　传真:＿＿＿＿＿＿＿＿＿＿＿＿＿

电子信箱:＿＿＿＿＿＿＿＿＿＿＿　电子信箱:＿＿＿＿＿＿＿＿＿＿＿

开户银行:＿＿＿＿＿＿＿＿＿＿＿　开户银行:＿＿＿＿＿＿＿＿＿＿＿

账号:＿＿＿＿＿＿＿＿＿＿＿＿＿　账号:＿＿＿＿＿＿＿＿＿＿＿＿＿

第二部分　通用合同条款

略

第三部分　专用合同条款

1. 一般约定

1.1　词语定义

1.1.1　合同

1.1.1.10　其他合同文件包括:＿＿。

1.1.2　合同当事人及其他相关方

1.1.2.4　监理人

名称:＿＿＿＿＿＿＿＿＿＿＿＿＿＿＿＿＿＿＿＿＿＿;

资质类别和等级:＿＿＿＿＿＿＿＿＿＿＿＿＿＿＿＿＿;

联系电话:＿＿＿＿＿＿＿＿＿＿＿＿＿＿＿＿＿＿＿;

电子信箱:＿＿＿＿＿＿＿＿＿＿＿＿＿＿＿＿＿＿＿;

通信地址：_____。

1.1.2.5　设计人

名称：_____；

资质类别和等级：_____；

联系电话：_____；

电子信箱：_____；

通信地址：_____。

1.1.3　工程和设备

1.1.3.7　作为施工现场组成部分的其他场所包括：_____

_____。

1.1.3.9　永久占地包括：_____。

1.1.3.10　临时占地包括：_____。

1.3　法律

适用于合同的其他规范性文件：_____

_____。

1.4　标准和规范

1.4.1　适用于工程的标准规范包括：_____

_____。

1.4.2　发包人提供国外标准、规范的名称：_____

_____；

发包人提供国外标准、规范的份数：_____；

发包人提供国外标准、规范的名称：_____。

1.4.3　发包人对工程的技术标准和功能要求的特殊要求：_____

_____。

1.5　合同文件的优先顺序

合同文件组成及优先顺序为：_____

_____。

1.6　图纸和承包人文件

1.6.1　图纸的提供

发包人向承包人提供图纸的期限：_____；

发包人向承包人提供图纸的数量：_____；

发包人向承包人提供图纸的内容：_____。

1.6.4　承包人文件

需要由承包人提供的文件，包括：_____

_____；

承包人提供的文件的期限为：_____；

承包人提供的文件的数量为：_____；

承包人提供的文件的形式为：_____；

发包人审批承包人文件的期限：_____。

1.6.5　现场图纸准备

关于现场图纸准备的约定：＿＿＿＿＿＿＿＿＿＿＿＿＿＿＿＿＿＿＿＿＿＿。

1.7　联络

1.7.1　发包人和承包人应当在＿＿＿＿＿＿＿天内将与合同有关的通知、批准、证明、证书、指示、指令、要求、请求、同意、意见、确定和决定等书面函件送达对方当事人。

1.7.2　发包人接收文件的地点：＿＿＿＿＿＿＿＿＿＿＿＿＿＿＿＿＿＿＿＿；

发包人指定的接收人为：＿＿＿＿＿＿＿＿＿＿＿＿＿＿＿＿＿＿＿＿。

承包人接收文件的地点：＿＿＿＿＿＿＿＿＿＿＿＿＿＿＿＿＿＿＿＿；

承包人指定的接收人为：＿＿＿＿＿＿＿＿＿＿＿＿＿＿＿＿＿＿＿＿。

监理人接收文件的地点：＿＿＿＿＿＿＿＿＿＿＿＿＿＿＿＿＿＿＿＿；

监理人指定的接收人为：＿＿＿＿＿＿＿＿＿＿＿＿＿＿＿＿＿＿＿＿。

1.10　交通运输

1.10.1　出入现场的权利

关于出入现场的权利的约定：＿＿＿＿＿＿＿＿＿＿＿＿＿＿＿＿＿＿＿＿

＿＿＿＿＿＿＿＿＿＿＿＿＿。

1.10.2　场内交通

关于场外交通和场内交通的边界的约定：＿＿＿＿＿＿＿＿＿＿＿＿＿＿＿

＿＿＿＿＿＿＿＿＿＿＿＿＿＿＿＿＿。

关于发包人向承包人免费提供满足工程施工需要的场内道路和交通设施的约定：＿＿＿＿

＿＿＿＿＿＿＿＿＿＿＿＿＿＿＿＿＿＿。

1.10.3　超大件和超重件的运输

运输超大件或超重件所需的道路和桥梁临时加固改造费用和其他有关费用由＿＿＿＿＿＿＿＿＿＿＿＿承担。

1.11　知识产权

1.11.1　关于发包人提供给承包人的图纸、发包人为实施工程自行编制或委托编制的技术规范以及反映发包人关于合同要求或其他类似性质的文件的著作权的归属：＿＿＿＿＿

＿＿＿＿＿＿＿＿＿＿＿＿＿＿＿＿＿＿＿＿＿＿＿＿＿。

关于发包人提供的上述文件的使用限制的要求：＿＿＿＿＿＿＿＿＿＿＿＿＿＿

＿＿＿＿＿＿＿＿＿＿＿＿＿＿＿＿＿。

1.11.2　关于承包人为实施工程所编制文件的著作权的归属：＿＿＿＿＿＿＿＿＿

＿＿＿＿＿＿＿＿＿＿＿＿＿＿＿＿＿。

关于承包人提供的上述文件的使用限制的要求：＿＿＿＿＿＿＿＿＿＿＿＿＿＿

＿＿＿＿＿＿＿＿＿＿＿＿＿＿＿＿＿。

1.11.3　承包人在施工过程中所采用的专利、专有技术、技术秘密的使用费的承担方式：＿＿＿＿＿＿＿＿＿＿＿＿＿＿＿＿＿。

1.12　工程量清单错误的修正

出现工程量清单错误时，是否调整合同价格：＿＿＿＿＿＿＿＿。

允许调整合同价格的工程量偏差范围：＿＿＿＿＿＿＿＿＿＿＿＿＿＿＿＿＿

＿＿＿＿＿＿＿＿＿＿＿＿＿＿。

2. 发包人

2.1　发包人代表

发包人代表：

姓　　名：＿＿＿＿＿＿＿＿＿＿＿＿＿；

身份证号：＿＿＿＿＿＿＿＿＿＿＿＿＿；

职　　务：＿＿＿＿＿＿＿＿＿＿＿＿＿；

联系电话：＿＿＿＿＿＿＿＿＿＿＿＿＿；

电子信箱：＿＿＿＿＿＿＿＿＿＿＿＿＿；

通信地址：＿＿＿＿＿＿＿＿＿＿＿＿＿。

发包人对发包人代表的授权范围如下：＿＿＿＿＿＿＿＿＿＿＿＿

＿＿＿＿＿＿＿＿＿＿＿。

2.2　施工现场、施工条件和基础资料的提供

2.2.1　提供施工现场

关于发包人移交施工现场的期限要求：＿＿＿＿＿＿＿＿＿＿＿＿

＿＿＿＿＿＿＿＿＿＿＿。

2.2.2　提供施工条件

关于发包人应负责提供施工所需要的条件,包括：＿＿＿＿＿＿＿＿

＿＿＿＿＿＿＿＿＿＿＿。

2.3　资金来源证明及支付担保

发包人提供资金来源证明的期限要求：＿＿＿＿＿＿＿＿＿＿＿。

发包人是否提供支付担保：＿＿＿＿＿＿＿＿＿＿＿＿＿＿。

发包人提供支付担保的形式：＿＿＿＿＿＿＿＿＿＿＿＿＿。

3. 承包人

3.1　承包人的一般义务

(1)承包人提交的竣工资料的内容：＿＿＿＿＿＿＿＿＿＿＿＿

＿＿＿＿＿＿＿＿＿。

承包人需要提交的竣工资料套数：＿＿＿＿＿＿＿＿＿＿＿。

承包人提交的竣工资料的费用承担：＿＿＿＿＿＿＿＿＿＿。

承包人提交的竣工资料移交时间：＿＿＿＿＿＿＿＿＿＿＿。

承包人提交的竣工资料形式要求：＿＿＿＿＿＿＿＿＿＿＿。

(2)承包人应履行的其他义务：＿＿＿＿＿＿＿＿＿＿＿＿＿

＿＿＿＿＿＿＿＿＿。

3.2　项目经理

3.2.1　项目经理：

姓　　名：＿＿＿＿＿＿＿＿＿＿＿＿；

身份证号：＿＿＿＿＿＿＿＿＿＿＿＿；

建造师执业资格等级：＿＿＿＿＿＿＿＿＿；

建造师注册证书号：＿＿＿＿＿＿＿＿＿＿；

建造师执业印章号：＿＿＿＿＿＿＿＿＿＿；

安全生产考核合格证书号：＿＿＿＿＿＿＿；

联系电话：_____；

电子信箱：_____；

通信地址：_____。

承包人对项目经理的授权范围如下：_____

_____。

关于项目经理每月在施工现场的时间要求：_____

_____。

承包人未提交劳动合同，以及没有为项目经理缴纳社会保险证明的违约责任：_____

_____

____。

项目经理未经批准，擅自离开施工现场的违约责任：_____

_____。

3.2.2　承包人擅自更换项目经理的违约责任：_____

_____。

3.2.3　承包人无正当理由拒绝更换项目经理的违约责任：_____

_____。

3.3　承包人人员

3.3.1　承包人提交项目管理机构及施工现场管理人员安排报告的期限：_____

_____。

3.3.2　承包人无正当理由拒绝撤换主要施工管理人员的违约责任：_____

_____。

3.3.3　承包人主要施工管理人员离开施工现场的批准要求：_____

_____。

3.3.4　承包人擅自更换主要施工管理人员的违约责任：_____

_____。

承包人主要施工管理人员擅自离开施工现场的违约责任：_____

_____。

3.4　分包

3.4.1　分包的一般约定

禁止分包的工程包括：_____。

主体结构、关键性工作的范围：_____

_____。

3.4.2　分包的确定

允许分包的专业工程包括：_____。

其他关于分包的约定：_____

_____。

3.4.3　分包合同价款

关于分包合同价款支付的约定：_____。

3.5　工程照管与成品、半成品保护

承包人负责照管工程及工程相关的材料、工程设备的起始时间：_____

_____

3.6 履约担保

承包人是否提供履约担保：_____。

承包人提供履约担保的形式、金额及期限：_____

_____。

4. 监理人

4.1 监理人的一般规定

关于监理人的监理内容：_____。

关于监理人的监理权限：_____。

关于监理人在施工现场的办公场所、生活场所的提供和费用承担的约定：_____

_____。

4.2 监理人员

总监理工程师：

姓　　名：_____；

职　　务：_____；

监理工程师执业资格证书号：_____；

联系电话：_____；

电子信箱：_____；

通信地址：_____；

关于监理人的其他约定：_____。

4.3 商定或确定

在发包人和承包人不能通过协商达成一致意见时，发包人授权监理人对以下事项进行确定：

（1）_____；

（2）_____；

（3）_____。

5. 工程质量

5.1 质量要求

特殊质量标准和要求：_____

_____。

关于工程奖项的约定：_____

_____。

5.2 隐蔽工程检查

承包人提前通知监理人隐蔽工程检查的期限的约定：_____

_____。

监理人不能按时进行检查时，应提前_____小时提交书面延期要求。

关于延期最长不得超过：_____小时。

6. 安全文明施工

项目安全生产的达标目标及相应事项的约定：_____

_____。

关于治安保卫的特别约定：_____

_____。

关于编制施工场地治安管理计划的约定：_____

_____。

文明施工：
合同当事人对文明施工的要求：_____

_____。

关于安全文明施工费支付比例和支付期限的约定：_____

_____。

7. 工期和进度

7.1　施工组织设计

7.1.1　合同当事人约定的施工组织设计应包括的其他内容：_____

_____。

7.1.2　施工组织设计的提交和修改

承包人提交详细施工组织设计的期限的约定：_____

_____。

发包人和监理人在收到详细的施工组织设计后确认或提出修改意见的期限：_____

_____。

7.2　施工进度计划

施工进度计划的修订：

发包人和监理人在收到修订的施工进度计划后确认或提出修改意见的期限：_____

_____。

7.3　开工

7.3.1　开工准备

关于承包人提交工程开工报审表的期限：_____。

关于发包人应完成的其他开工准备工作及期限：_____

_____。

关于承包人应完成的其他开工准备工作及期限：_____

_____。

7.3.2　开工通知

因发包人原因造成监理人未能在计划开工日期之日起_____天内发出开工通知的，承包人有权提出价格调整要求，或者解除合同。

7.4　测量放线

发包人通过监理人向承包人提供测量基准点、基准线和水准点及其书面资料的期限：

_____。

7.5　工期延误

7.5.1　因发包人原因导致工期延误

因发包人原因导致工期延误的其他情形：_____

_____

7.5.2 因承包人原因导致工期延误

因承包人原因造成工期延误,逾期竣工违约金的计算方法为:＿＿＿＿＿＿＿
＿＿＿＿＿＿＿＿＿＿＿＿＿＿＿＿。

因承包人原因造成工期延误,逾期竣工违约金的上限:＿＿＿＿＿＿＿＿＿＿
＿＿＿＿＿＿＿＿＿＿＿＿＿。

7.6 不利物质条件

不利物质条件的其他情形和有关约定:＿＿＿＿＿＿＿＿＿＿＿＿＿＿＿＿
＿＿＿＿＿＿＿＿＿＿＿＿＿。

7.7 异常恶劣的气候条件

发包人和承包人同意以下情形视为异常恶劣的气候条件:

(1) ＿＿＿＿＿＿＿＿＿＿＿＿＿＿＿＿＿＿＿;

(2) ＿＿＿＿＿＿＿＿＿＿＿＿＿＿＿＿＿＿＿;

(3) ＿＿＿＿＿＿＿＿＿＿＿＿＿＿＿＿＿＿＿。

7.8 提前竣工的奖励

提前竣工的奖励:＿＿＿＿＿＿＿＿＿＿＿＿＿＿＿＿。

8. 材料与设备

8.1 材料与工程设备的保管与使用

发包人供应的材料设备的保管费用的承担:＿＿＿＿＿＿＿＿。

8.2 样品

样品的报送与封存。

需要承包人报送样品的材料或工程设备,样品的种类、名称、规格、数量要求:＿＿＿＿
＿＿＿＿＿＿＿＿＿＿＿＿＿＿＿＿＿＿＿＿＿＿＿＿＿＿＿。

8.3 施工设备和临时设施

承包人提供的施工设备和临时设施。

关于修建临时设施费用承担的约定:＿＿＿＿＿＿＿＿＿＿＿＿＿＿＿＿＿
＿＿＿＿＿＿＿＿＿＿＿＿＿。

9. 试验与检验

9.1 试验设备

施工现场需要配置的试验场所:＿＿＿＿＿＿＿＿＿＿＿＿＿＿＿＿＿＿＿
＿＿＿＿＿＿＿＿＿＿＿＿＿。

施工现场需要配备的试验设备:＿＿＿＿＿＿＿＿＿＿＿＿＿＿＿＿＿＿＿
＿＿＿＿＿＿＿＿＿＿＿＿＿。

施工现场需要具备的其他试验条件:＿＿＿＿＿＿＿＿＿＿＿＿＿＿＿＿＿
＿＿＿＿＿＿＿＿＿＿＿＿＿。

9.2 现场工艺试验

现场工艺试验的有关约定:＿＿＿＿＿＿＿＿＿＿＿＿＿＿＿＿＿＿＿＿＿
＿＿＿＿＿＿＿＿。

10. 变更

10.1 变更的范围

关于变更的范围的约定:＿＿＿＿＿＿＿＿＿＿＿＿＿＿＿＿＿＿＿＿＿＿

_____。

10.2 变更估价

变更估价原则：

关于变更估价的约定：_____

_____。

10.3 承包人的合理化建议

监理人审查承包人合理化建议的期限：_____。

发包人审批承包人合理化建议的期限：_____。

承包人提出的合理化建议降低了合同价格或者提高了工程经济效益的奖励的方法和金额为：_____

10.4 暂估价

暂估价材料和工程设备的明细详见附件11:《暂估价一览表》。

10.4.1 依法必须招标的暂估价项目

对于依法必须招标的暂估价项目的确认和批准采取第_____种方式确定。

10.4.2 不属于依法必须招标的暂估价项目

对于不属于依法必须招标的暂估价项目的确认和批准采取第_____种方式确定。

第3种方式:承包人直接实施的暂估价项目

承包人直接实施的暂估价项目的约定：_____

10.5 暂列金额

合同当事人关于暂列金额使用的约定：_____。

11. 价格调整

市场价格波动引起的调整

市场价格波动是否调整合同价格的约定：_____。

因市场价格波动调整合同价格,采用以下第_____种方式对合同价格进行调整:

第1种方式:采用价格指数进行价格调整。

关于各可调因子、定值和变值权重,以及基本价格指数及其来源的约定：_____

_____。

第2种方式:采用造价信息进行价格调整。

关于基准价格的约定：_____。

专用合同条款①承包人在已标价工程量清单或预算书中载明的材料单价低于基准价格的:专用合同条款合同履行期间材料单价涨幅以基准价格为基础超过_____%时,或材料单价跌幅以已标价工程量清单或预算书中载明材料单价为基础超过_____%时,其超过部分据实调整。

②承包人在已标价工程量清单或预算书中载明的材料单价高于基准价格的:专用合同条款合同履行期间材料单价跌幅以基准价格为基础超过_____%时,材料单价涨幅以已标价工程量清单或预算书中载明材料单价为基础超过_____%时,其超过部分据实调整。

③承包人在已标价工程量清单或预算书中载明的材料单价等于基准单价的:专用合同条款合同履行期间材料单价涨跌幅以基准单价为基础超过±_____%时,其超过部分据实调整。

第3种方式:其他价格调整方式:_____。

12. 合同价格、计量与支付

12.1 合同价格形式

12.1.1 单价合同

综合单价包含的风险范围:_____

_____。

风险费用的计算方法:_____。

风险范围以外合同价格的调整方法:_____。

12.1.2 总价合同

总价包含的风险范围:_____。

风险费用的计算方法:_____。

风险范围以外合同价格的调整方法:_____。

12.1.3 其他价格方式:_____

_____。

12.2 预付款

12.2.1 预付款的支付

预付款支付比例或金额:_____。

预付款支付期限:_____。

预付款扣回的方式:_____。

12.2.2 预付款担保

承包人提交预付款担保的期限:_____。

预付款担保的形式为:_____。

12.3 计量

12.3.1 计量原则

工程量计算规则:_____。

12.3.2 计量周期

关于计量周期的约定:_____。

12.3.3 单价合同的计量

关于单价合同计量的约定:_____。

12.3.4 总价合同的计量

关于总价合同计量的约定:_____。

12.3.5 总价合同采用支付分解表计量支付的,是否适用第12.3.4项(总价合同的计量)约定进行计量:_____。

12.3.6 其他价格形式合同的计量

其他价格形式的计量方式和程序:_____

_____。

12.4 工程进度款支付

12.4.1 付款周期

关于付款周期的约定:_____。

12.4.2　进度付款申请单的编制

关于进度付款申请单编制的约定：＿＿＿＿＿＿＿＿＿＿＿＿

＿＿＿＿＿＿＿＿＿＿＿＿＿。

12.4.3　进度付款申请单的提交

(1)单价合同进度付款申请单提交的约定：＿＿＿＿＿＿。

(2)总价合同进度付款申请单提交的约定：＿＿＿＿＿＿。

(3)其他价格形式合同进度付款申请单提交的约定：＿＿＿＿＿＿＿＿＿

＿＿＿＿＿。

12.4.4　进度款审核和支付

(1)监理人审查并报送发包人的期限：＿＿＿＿＿＿＿＿＿。

发包人完成审批并签发进度款支付证书的期限：＿＿＿＿＿＿＿＿＿

＿＿＿＿＿＿＿＿＿。

(2)发包人支付进度款的期限：＿＿＿＿＿＿＿＿＿。

发包人逾期支付进度款的违约金的计算方式：＿＿＿＿＿＿＿＿＿

＿＿＿＿＿＿＿＿＿。

12.4.5　支付分解表的编制

(1)总价合同支付分解表的编制与审批：＿＿＿＿＿＿＿＿＿

＿＿＿＿＿＿＿＿＿。

(2)单价合同的总价项目支付分解表的编制与审批：＿＿＿＿＿＿＿＿＿。

13.验收和工程试车

13.1　分部分项工程验收

监理人不能按时进行验收时,应提前＿＿＿＿小时提交书面延期要求。

关于延期最长不得超过：＿＿＿＿小时。

13.2　竣工验收

13.2.1　竣工验收程序

关于竣工验收程序的约定：＿＿＿＿＿＿＿＿＿。

发包人不按照本项约定组织竣工验收、颁发工程接收证书的违约金的计算方法：＿＿＿＿＿＿

＿＿＿＿＿＿＿＿＿。

13.2.2　移交、接收全部与部分工程

承包人向发包人移交工程的期限：＿＿＿＿＿＿＿＿＿。

发包人未按本合同约定接收全部或部分工程的,违约金的计算方法为：＿＿＿＿＿

＿＿＿＿＿＿＿＿＿。

承包人未按时移交工程的,违约金的计算方法为：＿＿＿＿＿＿＿＿＿。

13.3　工程试车

13.3.1　试车程序

工程试车内容：＿＿＿＿＿＿＿＿＿

＿＿＿＿＿＿＿＿＿。

(1)单机无负荷试车费用由＿＿＿＿＿＿＿＿＿承担；

(2)无负荷联动试车费用由＿＿＿＿＿＿＿＿＿承担。

13.3.2 投料试车

关于投料试车相关事项的约定：_____

_____

13.4 竣工退场

承包人完成竣工退场的期限：_____。

14.竣工结算

14.1 竣工付款申请

承包人提交竣工付款申请单的期限：_____。

竣工付款申请单应包括的内容：_____

_____。

14.2 竣工结算审核

发包人审批竣工付款申请单的期限：_____。

发包人完成竣工付款的期限：_____。

关于竣工付款证书异议部分复核的方式和程序：_____

_____

14.3 最终结清

14.3.1 最终结清申请单

承包人提交最终结清申请单的份数：_____。

承包人提交最终结算申请单的期限：_____。

14.3.2 最终结清证书和支付

(1)发包人完成最终结清申请单的审批并颁发最终结清证书的期限：_____

_____

(2)发包人完成支付的期限：_____。

15.缺陷责任期与保修

15.1 缺陷责任期

缺陷责任期的具体期限：_____

_____。

15.2 质量保证金

关于是否扣留质量保证金的约定：_____。

15.2.1 承包人提供质量保证金的方式

质量保证金采用以下第_____种方式：

(1)质量保证金保函,保证金额为：_____；

(2)_____%的工程款；

(3)其他方式：_____。

15.2.2 质量保证金的扣留

质量保证金的扣留采取以下第_____种方式：

(1)在支付工程进度款时逐次扣留,在此情形下,质量保证金的计算基数不包括预付款的支付、扣回以及价格调整的金额；

(2)工程竣工结算时一次性扣留质量保证金；

(3)其他扣留方式：_____

关于质量保证金的补充约定：_____

15.3　保修

15.3.1　保修责任

工程保修期为：_____

15.3.2　修复通知

承包人收到保修通知并到达工程现场的合理时间：_____

_____。

16. 违约

16.1　发包人违约

16.1.1　发包人违约的情形

发包人违约的其他情形：_____

_____。

16.1.2　发包人违约的责任

发包人违约责任的承担方式和计算方法：

(1)因发包人原因未能在计划开工日期前 7 天内下达开工通知的违约责任：_____

_____。

(2)因发包人原因未能按合同约定支付合同价款的违约责任：_____

_____。

(3)发包人违反第 10.1 款〔变更的范围〕第(2)项约定,自行实施被取消的工作或转由他人实施的违约责任：_____。

(4)发包人提供的材料、工程设备的规格、数量或质量不符合合同约定,或因发包人原因导致交货日期延误或交货地点变更等情况的违约责任：_____

_____。

(5)因发包人违反合同约定造成暂停施工的违约责任：_____。

(6)发包人无正当理由没有在约定期限内发出复工指示,导致承包人无法复工的违约责任：_____。

(7)其他：_____。

16.1.3　因发包人违约解除合同

承包人按 16.1.1 项〔发包人违约的情形〕约定暂停施工满_____天后发包人仍不纠正其违约行为并致使合同目的不能实现的,承包人有权解除合同。

16.2　承包人违约

16.2.1　承包人违约的情形

承包人违约的其他情形：_____

_____。

16.2.2　承包人违约的责任

承包人违约责任的承担方式和计算方法：_____

_____。

16.2.3　因承包人违约解除合同

关于承包人违约解除合同的特别约定：_____

_____。

发包人继续使用承包人在施工现场的材料、设备、临时工程、承包人文件和由承包人或以其名义编制的其他文件的费用承担方式：_____
_____。

17. 不可抗力

17.1　不可抗力的确认

除通用合同条款约定的不可抗力事件之外，视为不可抗力的其他情形：_____
_____。

17.2　因不可抗力解除合同

合同解除后，发包人应在商定或确定发包人应支付款项后____天内完成款项的支付。

18. 保险

18.1　工程保险

关于工程保险的特别约定：_____。

18.2　其他保险

关于其他保险的约定：_____。

承包人是否应为其施工设备等办理财产保险：_____
_____。

18.3　通知义务

关于变更保险合同时的通知义务的约定：_____
_____。

19. 争议解决

19.1　争议评审

合同当事人是否同意将工程争议提交争议评审小组决定：_____
_____。

19.1.1　争议评审小组的确定

争议评审小组成员的确定：_____。

选定争议评审员的期限：_____。

争议评审小组成员的报酬承担方式：_____。

其他事项的约定：_____。

19.1.2　争议评审小组的决定

合同当事人关于本项的约定：_____。

19.2　仲裁或诉讼

因合同及合同有关事项发生的争议，按下列第_____种方式解决：

(1)向_____仲裁委员会申请仲裁；

(2)向_____人民法院起诉。

附件

协议书附件：

附件1:承包人承揽工程项目一览表

专用合同条款附件：

附件2:发包人供应材料设备一览表

附件3:工程质量保修书
附件4:主要建设工程文件目录
附件5:承包人用于本工程施工的机械设备表
附件6:承包人主要施工管理人员表
附件7:分包人主要施工管理人员表
附件8:履约担保格式
附件9:预付款担保格式
附件10:支付担保格式
附件11:暂估价一览表

附件1

承包人承揽工程项目一览表

单位工程名称	建设规模	建筑面积（平方米）	结构形式	层数	生产能力	设备安装内容	合同价格（元）	开工日期	竣工日期

附件2

发包人供应材料设备一览表

序号	材料、设备品种	规格型号	单位	数量	单价（元）	质量等级	供应时间	送达地点	备注

附件 3

工程质量保修书

发包人(全称):＿＿＿＿＿＿＿＿＿＿＿＿＿＿＿＿＿＿＿

承包人(全称):＿＿＿＿＿＿＿＿＿＿＿＿＿＿＿＿＿＿＿

发包人和承包人根据《中华人民共和国建筑法》和《建设工程质量管理条例》,经协商一致就＿＿＿＿＿＿＿＿＿＿(工程全称)签订工程质量保修书。

一、工程质量保修范围和内容

承包人在质量保修期内,按照有关法律规定和合同约定,承担工程质量保修责任。

质量保修范围包括地基基础工程、主体结构工程,屋面防水工程、有防水要求的卫生间、房间和外墙面的防渗漏,供热与供冷系统,电气管线、给排水管道、设备安装和装修工程,以及双方约定的其他项目。具体保修的内容,双方约定如下:＿＿＿＿＿＿＿＿＿＿＿＿＿

＿＿＿

＿＿＿＿＿＿＿＿＿＿＿＿＿＿＿＿＿＿＿＿＿＿＿＿＿＿。

二、质量保修期

根据《建设工程质量管理条例》及有关规定,工程的质量保修期如下:

1. 地基基础工程和主体结构工程为设计文件规定的工程合理使用年限;

2. 屋面防水工程、有防水要求的卫生间、房间和外墙面的防渗为＿＿＿＿＿＿＿年;

3. 装修工程为＿＿＿＿＿＿＿年;

4. 电气管线、给排水管道、设备安装工程为＿＿＿＿＿＿＿年;

5. 供热与供冷系统为＿＿＿＿＿＿＿个采暖期、供冷期;

6. 住宅小区内的给排水设施、道路等配套工程为＿＿＿＿＿＿＿年;

7. 其他项目保修期限约定如下:＿＿＿＿＿＿＿＿＿＿＿＿＿＿＿＿＿＿＿＿＿＿＿＿＿＿

＿＿＿

＿＿＿＿＿＿＿＿＿＿＿＿＿＿＿＿＿＿＿。

质量保修期自工程竣工验收合格之日起计算。

三、缺陷责任期

工程缺陷责任期为＿＿＿＿＿＿＿个月,缺陷责任期自工程竣工验收合格之日起计算。单位工程先于全部工程进行验收,单位工程缺陷责任期自单位工程验收合格之日起计算。

缺陷责任期终止后,发包人应退还剩余的质量保证金。

四、质量保修责任

1. 属于保修范围、内容的项目,承包人应当在接到保修通知之日起 7 天内派人保修。承包人不在约定期限内派人保修的,发包人可以委托他人修理。

2. 发生紧急事故需抢修的,承包人在接到事故通知后,应当立即到达事故现场抢修。

3. 对于涉及结构安全的质量问题,应当按照《建设工程质量管理条例》的规定,立即向当地建设行政主管部门和有关部门报告,采取安全防范措施,并由原设计人或者具有相应资质等级的设计人提出保修方案,承包人实施保修。

4.质量保修完成后,由发包人组织验收。

五、保修费用

保修费用由造成质量缺陷的责任方承担。

六、双方约定的其他工程质量保修事项:

_____

_____。

工程质量保修书由发包人、承包人在工程竣工验收前共同签署,作为施工合同附件,其有效期限至保修期满。

发包人(公章):_____ 　　承包人(公章):_____

地址:_____ 　　地址:_____

法定代表人(签字):_____ 　　法定代表人(签字):_____

委托代理人(签字):_____ 　　委托代理人(签字):_____

电话:_____ 　　电话:_____

传真:_____ 　　传真:_____

开户银行:_____ 　　开户银行:_____

账号:_____ 　　账号:_____

邮政编码:_____ 　　邮政编码:_____

附件 4

主要建设工程文件目录

文件名称	套数	费用(元)	质量	移交时间	责任人

附件 5

承包人用于本工程施工的机械设备表

序号	机械或设备名称	规格型号	数量	产地	制造年份	额定功率/kW	生产能力	备注

附件 6

承包人主要施工管理人员表

名称	姓名	职务	职称	主要资历、经验及承担过的项目
一、总部人员				
项目主管				
其他人员				
二、现场人员				
项目经理				
项目副经理				
技术负责人				
造价管理				
质量管理				
材料管理				
计划管理				
安全管理				
其他人员				

附件7

分包人主要施工管理人员表

名称	姓名	职务	职称	主要资历、经验及承担过的项目
一、总部人员				
项目主管				
其他人员				
二、现场人员				
项目经理				
项目副经理				
技术负责人				
造价管理				
质量管理				
材料管理				
计划管理				
安全管理				
其他人员				

附件 8

履约担保

（发包人名称）：鉴于 _____（发包人名称，以下简称"发包人"）与 _____（承包人名称）（以下称"承包人"）于 _____ 年 _____ 月 _____ 日就 _____（工程名称）施工及有关事项协商一致共同签订《建设工程施工合同》。我方愿意无条件地、不可撤销地就承包人履行与你方签订的合同,向你方提供连带责任担保。

1. 担保金额人民币（大写）_____ 元（￥ _____）。

2. 担保有效期自你方与承包人签订的合同生效之日起至你方签发或应签发工程接收证书之日止。

3. 在本担保有效期内,因承包人违反合同约定的义务给你方造成经济损失时,我方在收到你方以书面形式提出的在担保金额内的赔偿要求后,在 7 天内无条件支付。

4. 你方和承包人按合同约定变更合同时,我方承担本担保规定的义务不变。

5. 因本保函发生的纠纷,可由双方协商解决,协商不成的,任何一方均可提请 _____ 仲裁委员会仲裁。

6. 本保函自我方法定代表人（或其授权代理人）签字并加盖公章之日起生效。

担保人：_____（盖单位章）

法定代表人或其委托代理人：_____（签字）

地　　址：_____

邮政编码：_____

电　　话：_____

传　　真：_____

_____ 年 _____ 月 _____ 日

附件9

预付款担保

＿＿＿＿＿＿＿＿＿＿（发包人名称）：

根据＿＿＿＿＿＿＿＿＿＿（承包人名称）（以下称"承包人"）与＿＿＿＿＿＿＿＿＿＿（发包人名称）（以下简称"发包人"）于＿＿＿＿＿年＿＿＿＿＿月＿＿＿＿＿日签订的＿＿＿＿＿＿＿＿（工程名称）《建设工程施工合同》，承包人按约定的金额向你方提交一份预付款担保，即有权得到你方支付相等金额的预付款。我方愿意就你方提供给承包人的预付款为承包人提供连带责任担保。

1. 担保金额人民币（大写）＿＿＿＿＿＿元（￥＿＿＿＿＿＿）。

2. 担保有效期自预付款支付给承包人起生效，至你方签发的进度款支付证书说明已完全扣清止。

3. 在本保函有效期内，因承包人违反合同约定的义务而要求收回预付款时，我方在收到你方的书面通知后，在7天内无条件支付。但本保函的担保金额，在任何时候不应超过预付款金额减去你方按合同约定在向承包人签发的进度款支付证书中扣除的金额。

4. 你方和承包人按合同约定变更合同时，我方承担本保函规定的义务不变。

5. 因本保函发生的纠纷，可由双方协商解决，协商不成的，任何一方均可提请＿＿＿＿＿＿＿仲裁委员会仲裁。

6. 本保函自我方法定代表人（或其授权代理人）签字并加盖公章之日起生效。

担保人：＿＿＿＿＿＿＿＿＿＿＿＿＿＿（盖单位章）

法定代表人或其委托代理人：＿＿＿＿＿＿＿＿（签字）

地　　址：＿＿＿＿＿＿＿＿＿＿＿＿＿＿＿

邮政编码：＿＿＿＿＿＿＿＿＿＿＿＿＿＿＿

电　　话：＿＿＿＿＿＿＿＿＿＿＿＿＿＿＿

传　　真：＿＿＿＿＿＿＿＿＿＿＿＿＿＿＿

＿＿＿＿＿年＿＿＿＿月＿＿＿＿日

附件 10

支付担保

　　_____（承包人）：鉴于你方作为承包人已经与_____（发包人名称）（以下称"发包人"）于_____年_____月_____日签订了_____（工程名称）《建设工程施工合同》（以下称"主合同"），应发包人的申请，我方愿就发包人履行主合同约定的工程款支付义务以保证的方式向你方提供如下担保：

　　一、保证的范围及保证金额

　　1. 我方的保证范围是主合同约定的工程款。

　　2. 本保函所称主合同约定的工程款是指主合同约定的除工程质量保证金以外的合同价款。

　　3. 我方保证的金额是主合同约定的工程款的_____%，数额最高不超过人民币_____元（大写：_____）。

　　二、保证的方式及保证期间

　　1. 我方保证的方式为：连带责任保证。

　　2. 我方保证的期间为：自本合同生效之日起至主合同约定的工程款支付完毕之日后_____日内。

　　3. 你方与发包人协议变更工程款支付日期的，经我方书面同意后，保证期间按照变更后的支付日期做相应调整。

　　三、承担保证责任的形式

　　我方承担保证责任的形式是代为支付。发包人未按主合同约定向你方支付工程款的，由我方在保证金额内代为支付。

　　四、代偿的安排

　　1. 你方要求我方承担保证责任的，应向我方发出书面索赔通知及发包人未支付主合同约定工程款的证明材料。索赔通知应写明要求索赔的金额，支付款项应到达的账号。

　　2. 在出现你方与发包人因工程质量发生争议，发包人拒绝向你方支付工程款的情形时，你方要求我方履行保证责任代为支付的，需提供符合相应条件要求的工程质量检测机构出具的质量说明材料。

　　3. 我方收到你方的书面索赔通知及相应的证明材料后 7 天内无条件支付。

　　五、保证责任的解除

　　1. 在本保函承诺的保证期间内，你方未书面向我方主张保证责任的，自保证期间届满次日起，我方保证责任解除。

　　2. 发包人按主合同约定履行了工程款的全部支付义务的，自本保函承诺的保证期间届满次日起，我方保证责任解除。

3.我方按照本保函向你方履行保证责任所支付金额达到本保函保证金额时,自我方向你方支付(支付款项从我方账户划出)之日起,保证责任即解除。

4.按照法律法规的规定或出现应解除我方保证责任的其他情形的,我方在本保函项下的保证责任亦解除。

5.我方解除保证责任后,你方应自我方保证责任解除之日起_____个工作日内,将本保函原件返还我方。

六、免责条款

1.因你方违约致使发包人不能履行义务的,我方不承担保证责任。

2.依照法律法规的规定或你方与发包人的另行约定,免除发包人部分或全部义务的,我方亦免除其相应的保证责任。

3.你方与发包人协议变更主合同的,如加重发包人责任致使我方保证责任加重的,需征得我方书面同意,否则我方不再承担因此而加重部分的保证责任,但主合同第 10 条〔变更〕约定的变更不受本款限制。

4.因不可抗力造成发包人不能履行义务的,我方不承担保证责任。

七、争议解决

因本保函或本保函相关事项发生的纠纷,可由双方协商解决,协商不成的,按下列第_____种方式解决:

1.向_____仲裁委员会申请仲裁;

2.向_____人民法院起诉。

八、保函的生效

本保函自我方法定代表人(或其授权代理人)签字并加盖公章之日起生效。

担保人:_____(盖章)

法定代表人或委托代理人:_____(签字)

地　　址:_____

邮政编码:_____

传　　真:_____

_____年_____月_____日

附件 11

11.1　材料暂估价表

序号	名称	单位	数量	单价(元)	合价(元)	备注

11.2　工程设备暂估价表

序号	名称	单位	数量	单价(元)	合价(元)	备注

11.3 专业工程暂估价表

序号	名称	单位	数量	单价(元)	合价(元)	备注

中华人民共和国
简明标准方程式招标文件
(2012 年版)

使用说明

一、《简明标准施工招标文件》适用于工期不超过 12 个月、技术相对简单、且设计和施工不是由同一承包人承担的小型项目施工招标。

二、《简明标准施工招标文件》用相同序号标示的章、节、条、款、项、目,供招标人和投标人选择使用;以空格标示的由招标人填写的内容,招标人应根据招标项目具体特点和实际需要具体化,确实没有需要填写的,在空格中用"/"标示。

三、招标人按照《简明标准施工招标文件》第一章的格式发布招标公告或发出投标邀请书后,将实际发布的招标公告或实际发出的投标邀请书编入出售的招标文件中,作为投标邀请。其中,招标公告应同时注明发布所在的所有媒介名称。

四、《简明标准施工招标文件》第三章"评标办法"分别规定经评审的最低投标价法和综合评估法两种评标方法,供招标人根据招标项目具体特点和实际需要选择适用。招标人选择适用综合评估法的,各评审因素的评审标准、分值和权重等由招标人自主确定。国务院有关部门对各评审因素的评审标准、分值和权重等有规定的,从其规定。

第三章"评标办法"前附表应列明全部评审因素和评审标准,并在本章前附表标明投标人不满足要求即否决其投标的全部条款。

五、《简明标准施工招标文件》第五章"工程量清单",由招标人根据工程量清单的国家标准、行业标准,以及招标项目具体特点和实际需要编制,并与"投标人须知""通用合同条款""专用合同条款""技术标准和要求""图纸"相衔接。本章所附表格可根据有关规定作相应的调整和补充。

六、《简明标准施工招标文件》第六章"图纸",由招标人根据招标项目具体特点和实际需要编制,并与"投标人须知""通用合同条款""专用合同条款""技术标准和要求"相衔接。

七、《简明标准施工招标文件》第七章"技术标准和要求"由招标人根据招标项目具体特点和实际需要编制。"技术标准和要求"中的各项技术标准应符合国家强制性标准,不得要求或标明某一特定的专利、商标、名称、设计、原产地或生产供应者,不得含有倾向或者排斥潜在投标人的其他内容。如果必须引用某一生产供应者的技术标准才能准确或清楚地说明拟招标项目的技术标准时,则应当在参照后面加上"或相当于"字样。

八、招标人可根据招标项目具体特点和实际需要,参照《标准施工招标文件》《行业标准施工招标文件》(如有),对《简明标准施工招标文件》做相应的补充和细化。

九、采用电子招标投标的,招标人应按照国家有关规定,结合项目具体情况,在招标文件中载明相应要求。

十、《简明标准施工招标文件》为 2012 年版,将根据实际执行过程中出现的问题及时进行修改。各使用单位或个人对《简明标准施工招标文件》的修改意见和建议,可向编制工作小组反映。

联系电话:(010)68502510

_____(项目名称)施工招标

招 标 文 件

招标人：_____(盖单位章)

_____年_____月_____日

第一章 招标公告(适用于公开招标)
_____(项目名称)施工招标公告

1. 招标条件

本招标项目_____(项目名称)已由_____(项目审批、核准或备案机关名称)以_____(批文名称及编号)批准建设,项目业主为_____,建设资金来自_____(资金来源),项目出资比例为_____,招标人为_____。项目已具备招标条件,现对该项目施工进行公开招标。

2. 项目概况与招标范围

(说明本次招标项目的建设地点、规模、计划工期、招标范围等)

3. 投标人资格要求

本次招标要求投标人须具备_____资质,并在人员、设备、资金等方面具有相应的施工能力。

4. 招标文件的获取

4.1 凡有意参加投标者,请于_____年_____月_____日至_____年_____月_____日,每日上午_____时至_____时,下午_____时至_____时(北京时间,下同),在_____(详细地址)持单位介绍信购买招标文件。

4.2 招标文件每套售价_____元,售后不退。图纸资料押金_____元,在退还图纸资料时退还(不计利息)。

4.3 邮购招标文件的,需另加手续费(含邮费)_____元。招标人在收到单位介绍信和邮购款(含手续费)后_____日内寄送。

5. 投标文件的递交

5.1 投标文件递交的截止时间(投标截止时间,下同)为_____年_____月_____日_____时_____分,地点为_____。

5.2 逾期送达的或者未送达指定地点的投标文件,招标人不予受理。

6. 发布公告的媒介

本次招标公告同时在_____(发布公告的媒介名称)上发布。

7. 联系方式

招标人:_____	招标代理机构:_____
地址:_____	地址:_____
邮编:_____	邮编:_____
联系人:_____	联系人:_____
电话:_____	电话:_____
传真:_____	传真:_____
电子邮件:_____	电子邮件:_____
网址:_____	网址:_____
开户银行:_____	开户银行:_____
账号:_____	账号:_____

_____年_____月_____日

投标邀请书(适用于邀请招标)

＿＿＿＿＿＿＿＿＿＿(项目名称)施工投标邀请书

＿＿＿＿＿＿＿＿＿(被邀请单位名称):

1.招标条件

本招标项目＿＿＿＿＿＿＿(项目名称)已由＿＿＿＿＿＿(项目审批、核准或备案机关名称)以＿＿＿＿＿＿＿＿(批文名称及编号)批准建设,项目业主为＿＿＿＿＿,建设资金来自＿＿＿＿(资金来源),出资比例为＿＿＿＿＿,招标人为＿＿＿＿。项目已具备招标条件,现邀请你单位参加该项目施工投标。

2.项目概况与招标范围

＿＿＿＿＿＿＿＿＿＿＿＿＿＿(说明本次招标项目的建设地点、规模、计划工期、招标范围等)。

3.投标人资格要求

本次招标要求投标人具备＿＿＿＿资质,并在人员、设备、资金等方面具有相应的施工能力。

4.招标文件的获取

4.1　请于＿＿＿＿年＿＿＿＿月＿＿＿＿日至＿＿＿＿年＿＿＿＿月＿＿＿＿日,每日上午＿＿＿＿时至＿＿＿＿时,下午＿＿＿＿时至＿＿＿＿时(北京时间,下同),在＿＿＿＿＿＿＿＿＿＿＿＿＿(详细地址)持本投标邀请书购买招标文件。

4.2　招标文件每套售价＿＿＿＿元,售后不退。图纸资料押金＿＿＿＿元,在退还图纸资料时退还(不计利息)。

4.3　邮购招标文件的,需另加手续费(含邮费)＿＿＿＿元。招标人在收到邮购款(含手续费)后＿＿＿＿日内寄送。

5.投标文件的递交

5.1　投标文件递交的截止时间(投标截止时间,下同)为＿＿＿＿年＿＿＿＿月＿＿＿＿日＿＿＿＿时＿＿＿＿分,地点为＿＿＿＿＿＿＿＿。

5.2　逾期送达的或者未送达指定地点的投标文件,招标人不予受理。

6.确认

你单位收到本投标邀请书后,请于＿＿＿＿(具体时间)前以传真或快递方式予以确认是否参加投标。

7.联系方式

招标人:＿＿＿＿＿＿＿＿＿	招标代理机构:＿＿＿＿＿＿
地址:＿＿＿＿＿＿＿＿＿＿	地址:＿＿＿＿＿＿＿＿＿＿
邮编:＿＿＿＿＿＿＿＿＿＿	邮编:＿＿＿＿＿＿＿＿＿＿
联系人:＿＿＿＿＿＿＿＿＿	联系人:＿＿＿＿＿＿＿＿＿
电话:＿＿＿＿＿＿＿＿＿＿	电话:＿＿＿＿＿＿＿＿＿＿

传真：_____   传真：_____
电子邮件：_____   电子邮件：_____
网址：_____   网址：_____
开户银行：_____   开户银行：_____
账号：_____   账号：_____

　　　　　　　　　　　　　　　　_____年_____月_____日

确认通知

_____(招标人名称):

　　我方已于_____年_____月_____日收到你方_____年_____月_____日发出的_____(项目名称)关于_____的通知,并确认_____(参加/不参加)投标。

　　特此确认。

被邀请单位名称:_____(盖单位章)

法定代表人:_____(签字)

_____年_____月_____日

第二章 投标人须知

投标人须知前附表

条款号	条款名称	编列内容
1.1.2	招标人	名称: 地址: 联系人: 电话:
1.1.3	招标代理机构	名称: 地址: 联系人: 电话:
1.1.4	项目名称	
1.1.5	建设地点	
1.2.1	资金来源及比例	
1.2.2	资金落实情况	
1.3.1	招标范围	
1.3.2	计划工期	计划工期:_____日历天 计划开工日期:_____年_____月_____日 计划竣工日期:_____年_____月_____日
1.3.3	质量要求	
1.4.1	投标人资质条件、能力	资质条件: 项目经理(建造师,下同)资格: 财务要求: 业绩要求: 其他要求:
1.9.1	踏勘现场	□不组织 □组织,踏勘时间: 踏勘集中地点:
1.10.1	投标预备会	□不召开 □召开,召开时间: 召开地点:
1.10.2	投标人提出问题的截止时间	

续表

条款号	条款名称	编列内容
1.10.3	招标人书面澄清的时间	
1.11	偏离	□不允许 □允许
2.1	构成招标文件的其他材料	
2.2.1	投标人要求澄清招标文件的截止时间	
2.2.2	投标截止时间	___年___月___日___时___分
2.2.3	投标人确认收到招标文件澄清的时间	
2.3.2	投标人确认收到招标文件修改的时间	
3.1.1	构成投标文件的其他材料	
3.2.3	最高投标限价或其计算方法	
3.3.1	投标有效期	
3.4.1	投标保证金	□不要求递交投标保证金 □要求递交投标保证金 投标保证金的形式： 投标保证金的金额：
3.5.2	近年财务状况的年份要求	年
3.5.3	近年完成的类似项目的年份要求	年
3.6.3	签字或盖章要求	
3.6.4	投标文件副本份数	份
3.6.5	装订要求	
4.1.2	封套上应载明的信息	招标人地址： 招标人名称： _____(项目名称)投标文件 在___年___月___日___时___分前不得开启
4.2.2	递交投标文件地点	
4.2.3	是否退还投标文件	□否 □是
5.1	开标时间和地点	开标时间：同投标截止时间 开标地点：
5.2	开标程序	密封情况检查： 开标顺序：

续表

条款号	条款名称	编列内容
6.1.1	评标委员会的组建	评标委员会构成：_____人,其中招标人代表_____人,专家_____人 评标专家确定方式：
7.1	是否授权评标委员会确定中标人	□是 □否,推荐的中标候选人数：
7.2	中标候选人公示媒介	
7.4.1	履约担保	履约担保的形式： 履约担保的金额：
9	需要补充的其他内容	
10	电子招标投标	□否 □是,具体要求：
...		......

1. 总　则

1.1　项目概况

1.1.1　根据《中华人民共和国招标投标法》等有关法律、法规和规章的规定,本招标项目已具备招标条件,现对本项目施工进行招标。

1.1.2　本招标项目招标人:见投标人须知前附表。

1.1.3　本招标项目招标代理机构:见投标人须知前附表。

1.1.4　本招标项目名称:见投标人须知前附表。

1.1.5　本招标项目建设地点:见投标人须知前附表。

1.2　资金来源和落实情况

1.2.1　本招标项目的资金来源及出资比例:见投标人须知前附表。

1.2.2　本招标项目的资金落实情况:见投标人须知前附表。

1.3　招标范围、计划工期、质量要求

1.3.1　本次招标范围:见投标人须知前附表。

1.3.2　本招标项目的计划工期:见投标人须知前附表。

1.3.3　本招标项目的质量要求:见投标人须知前附表。

1.4　投标人资格要求

1.4.1　投标人应具备承担本项目施工的资质条件、能力和信誉。

(1)资质条件:见投标人须知前附表;

(2)项目经理资格:见投标人须知前附表;

(3)财务要求:见投标人须知前附表;

(4)业绩要求:见投标人须知前附表;

(5)其他要求:见投标人须知前附表。

1.4.2　投标人不得存在下列情形之一:

(1)为招标人不具有独立法人资格的附属机构(单位);

(2)为本招标项目前期准备提供设计或咨询服务的;

(3)为本招标项目的监理人;

(4)为本招标项目的代建人;

(5)为本招标项目提供招标代理服务的;

(6)与本招标项目的监理人或代建人或招标代理机构同为一个法定代表人的;

(7)与本招标项目的监理人或代建人或招标代理机构相互控股或参股的;

(8)与本招标项目的监理人或代建人或招标代理机构相互任职或工作的;

(9)被责令停业的;

（10）被暂停或取消投标资格的；

（11）财产被接管或冻结的；

（12）在最近三年内有骗取中标或严重违约或重大工程质量问题的。

1.4.3　单位负责人为同一人或者存在控股、管理关系的不同单位，不得同时参加本招标项目投标。

1.5　费用承担

投标人准备和参加投标活动发生的费用自理。

1.6　保密

参与招标投标活动的各方应对招标文件和投标文件中的商业和技术等秘密保密，违者应对由此造成的后果承担法律责任。

1.7　语言文字

招标投标文件使用的语言文字为中文。专用术语使用外文的，应附有中文注释。

1.8　计量单位

所有计量均采用中华人民共和国法定计量单位。

1.9　踏勘现场

1.9.1　投标人须知前附表规定组织踏勘现场的，招标人按投标人须知前附表规定的时间、地点组织投标人踏勘项目现场。

1.9.2　投标人踏勘现场发生的费用自理。

1.9.3　除招标人的原因外，投标人自行负责在踏勘现场中所发生的人员伤亡和财产损失。

1.9.4　招标人在踏勘现场中介绍的工程场地和相关的周边环境情况，供投标人在编制投标文件时参考，招标人不对投标人据此做出的判断和决策负责。

1.10　投标预备会

1.10.1　投标人须知前附表规定召开投标预备会的，招标人按投标人须知前附表规定的时间和地点召开投标预备会，澄清投标人提出的问题。

1.10.2　投标人应在投标人须知前附表规定的时间前，以书面形式将提出的问题送达招标人，以便招标人在会议期间澄清。

1.10.3　投标预备会后，招标人在投标人须知前附表规定的时间内，将对投标人所提问题的澄清，以书面形式通知所有购买招标文件的投标人。该澄清内容为招标文件的组成部分。

1.11　偏离

投标人须知前附表允许投标文件偏离招标文件某些要求的，偏离应当符合招标文件规定的偏离范围和幅度。

2. 招标文件

2.1　招标文件的组成

2.1.1　本招标文件包括：
(1)招标公告(或投标邀请书)；
(2)投标人须知；
(3)评标办法；
(4)合同条款及格式；
(5)工程量清单；
(6)图纸；
(7)技术标准和要求；
(8)投标文件格式；
(9)投标人须知前附表规定的其他材料。

2.1.2　根据本章第1.10款、第2.2款和第2.3款对招标文件所作的澄清、修改,构成招标文件的组成部分。

2.2　招标文件的澄清

2.2.1　投标人应仔细阅读和检查招标文件的全部内容。如发现缺页或附件不全,应及时向招标人提出,以便补齐。如有疑问,应在投标人须知前附表规定的时间前以书面形式(包括信函、电报、传真等可以有形地表现所载内容的形式,下同),要求招标人对招标文件予以澄清。

2.2.2　招标文件的澄清将以书面形式发给所有购买招标文件的投标人,但不指明澄清问题的来源。如果澄清发出的时间距投标人须知前附表规定的投标截止时间不足15天,并且澄清内容影响投标文件编制的,将相应延长投标截止时间。

2.2.3　投标人在收到澄清后,应在投标人须知前附表规定的时间内以书面形式通知招标人,确认已收到该澄清。

2.3　招标文件的修改

2.3.1　招标人可以书面形式修改招标文件,并通知所有已购买招标文件的投标人。但如果修改招标文件的时间距投标截止时间不足15天,并且修改内容影响投标文件编制的,将相应延长投标截止时间。

2.3.2　投标人收到修改内容后,应在投标人须知前附表规定的时间内以书面形式通知招标人,确认已收到该修改。

3. 投标文件

3.1　投标文件的组成

投标文件应包括下列内容：
（1）投标函及投标函附录；
（2）法定代表人身份证明或附有法定代表人身份证明的授权委托书；
（3）投标保证金；
（4）已标价工程量清单；
（5）施工组织设计；
（6）项目管理机构；
（7）资格审查资料；
（8）投标人须知前附表规定的其他材料。

3.2　投标报价

3.2.1　投标人应按第五章"工程量清单"的要求填写相应表格。

3.2.2　投标人在投标截止时间前修改投标函中的投标报价总额,应同时修改"已标价工程量清单"中的相应报价,投标报价总额为各分项金额之和。此修改须符合本章第4.3款的有关要求。

3.2.3　招标人设有最高投标限价的,投标人的投标报价不得超过最高投标限价,最高投标限价或其计算方法在投标人须知前附表中载明。

3.3　投标有效期

3.3.1　除投标人须知前附表另有规定外,投标有效期为60天。

3.3.2　在投标有效期内,投标人撤销或修改其投标文件的,应承担招标文件和法律规定的责任。

3.3.3　出现特殊情况需要延长投标有效期的,招标人以书面形式通知所有投标人延长投标有效期。投标人同意延长的,应相应延长其投标保证金的有效期,但不得要求或被允许修改或撤销其投标文件;投标人拒绝延长的,其投标失效,但投标人有权收回其投标保证金。

3.4　投标保证金

3.4.1　投标人须知前附表规定递交投标保证金的,投标人在递交投标文件的同时,应按投标人须知前附表规定的金额、担保形式和第八章"投标文件格式"规定的或者事先经过招标人认可的投标保证金格式递交投标保证金,并作为其投标文件的组成部分。

3.4.2　投标人不按本章第3.4.1项要求提交投标保证金的,评标委员会将否决其投标。

3.4.3　招标人与中标人签订合同后5日内,向未中标的投标人和中标人退还投标保证金及同期银行存款利息。

3.4.4　有下列情形之一的,投标保证金将不予退还:

(1)投标人在规定的投标有效期内撤销或修改其投标文件;

(2)中标人在收到中标通知书后,无正当理由拒签合同协议书或未按招标文件规定提交履约担保。

3.5　资格审查资料

3.5.1　"投标人基本情况表"应附投标人营业执照及其年检合格的证明材料、资质证书副本和安全生产许可证等材料的复印件。

3.5.2　"近年财务状况表"应附经会计师事务所或审计机构审计的财务会计报表,包括资产负债表、现金流量表、利润表和财务情况说明书等复印件,具体年份要求见投标人须知前附表。

3.5.3　"近年完成的类似项目情况表"应附中标通知书和(或)合同协议书、工程接收证书(工程竣工验收证书)复印件,具体年份要求见投标人须知前附表。每张表格只填写一个项目,并标明序号。

3.5.4　"正在施工和新承接的项目情况表"应附中标通知书和(或)合同协议书复印件。每张表格只填写一个项目,并标明序号。

3.6　投标文件的编制

3.6.1　投标文件应按第八章"投标文件格式"进行编写,如有必要,可以增加附页,作为投标文件的组成部分。其中,投标函附录在满足招标文件实质性要求的基础上,可以提出比招标文件要求更有利于招标人的承诺。

3.6.2　投标文件应当对招标文件有关工期、投标有效期、质量要求、技术标准和要求、招标范围等实质性内容做出响应。

3.6.3　投标文件应用不褪色的材料书写或打印,并由投标人的法定代表人或其委托代理人签字或盖单位章。委托代理人签字的,投标文件应附法定代表人签署的授权委托书。投标文件应尽量避免涂改、行间插字或删除。如果出现上述情况,改动之处应加盖单位章或由投标人的法定代表人或其授权的代理人签字确认。签字或盖章的具体要求见投标人须知前附表。

3.6.4　投标文件正本一份,副本份数见投标人须知前附表。正本和副本的封面上应清楚地标记"正本"或"副本"的字样。当副本和正本不一致时,以正本为准。

3.6.5　投标文件的正本与副本应分别装订成册,具体装订要求见投标人须知前附表规定。

4. 投　　标

4.1　投标文件的密封和标记

4.1.1　投标文件应进行包装、加贴封条,并在封套的封口处加盖投标人单位章。

4.1.2　投标文件封套上应写明的内容见投标人须知前附表。

4.1.3　未按本章第4.1.1项或第4.1.2项要求密封和加写标记的投标文件,招标人应予拒收。

4.2　投标文件的递交

4.2.1　投标人应在本章第2.2.2项规定的投标截止时间前递交投标文件。

4.2.2　投标人递交投标文件的地点:见投标人须知前附表。

4.2.3　除投标人须知前附表另有规定外,投标人所递交的投标文件不予退还。

4.2.4　招标人收到投标文件后,向投标人出具签收凭证。

4.2.5　逾期送达的或者未送达指定地点的投标文件,招标人不予受理。

4.3　投标文件的修改与撤回

4.3.1　在本章第2.2.2项规定的投标截止时间前,投标人可以修改或撤回已递交的投标文件,但应以书面形式通知招标人。

4.3.2　投标人修改或撤回已递交投标文件的书面通知应按照本章第3.6.3项的要求签字或盖章。招标人收到书面通知后,向投标人出具签收凭证。

4.3.3　投标人撤回投标文件的,招标人自收到投标人书面撤回通知之日起5日内退还已收取的投标保证金。

4.3.4　修改的内容为投标文件的组成部分。修改的投标文件应按照本章第3条、第4条规定进行编制、密封、标记和递交,并标明"修改"字样。

5. 开　　标

5.1　开标时间和地点

招标人在本章第2.2.2项规定的投标截止时间(开标时间)和投标人须知前附表规定的地点公开开标,并邀请所有投标人的法定代表人或其委托代理人准时参加。

5.2　开标程序

主持人按下列程序进行开标:

（1）宣布开标纪律；

（2）公布在投标截止时间前递交投标文件的投标人名称，并点名确认投标人是否派人到场；

（3）宣布开标人、唱标人、记录人、监标人等有关人员姓名；

（4）按照投标人须知前附表规定检查投标文件的密封情况；

（5）按照投标人须知前附表的规定确定并宣布投标文件开标顺序；

（6）设有标底的，公布标底；

（7）按照宣布的开标顺序当众开标，公布投标人名称、投标保证金的递交情况、投标报价、质量目标、工期及其他内容，并记录在案；

（8）规定最高投标限价计算方法的，计算并公布最高投标限价；

（9）投标人代表、招标人代表、监标人、记录人等有关人员在开标记录上签字确认；

（10）开标结束。

5.3　开标异议

投标人对开标有异议的，应当在开标现场提出，招标人当场做出答复，并制作记录。

6. 评　标

6.1　评标委员会

6.1.1　评标由招标人依法组建的评标委员会负责。评标委员会由招标人或其委托的招标代理机构熟悉相关业务的代表，以及有关技术、经济等方面的专家组成。评标委员会成员人数以及技术、经济等方面专家的确定方式见投标人须知前附表。

6.1.2　评标委员会成员有下列情形之一的，应当回避：

（1）投标人或投标人主要负责人的近亲属；

（2）项目主管部门或者行政监督部门的人员；

（3）与投标人有经济利益关系；

（4）曾因在招标、评标以及其他与招标投标有关活动中从事违法行为而受过行政处罚或刑事处罚的；

（5）与投标人有其他利害关系。

6.2　评标原则

评标活动遵循公平、公正、科学和择优的原则。

6.3　评标

评标委员会按照第三章"评标办法"规定的方法、评审因素、标准和程序对投标文件进行评审。第三章"评标办法"没有规定的方法、评审因素和标准，不作为评标依据。

7. 合同授予

7.1　定标方式

除投标人须知前附表规定评标委员会直接确定中标人外,招标人依据评标委员会推荐的中标候选人确定中标人,评标委员会推荐中标候选人的人数见投标人须知前附表。

7.2　中标候选人公示

招标人在投标人须知前附表规定的媒介公示中标候选人。

7.3　中标通知

在本章第3.3款规定的投标有效期内,招标人以书面形式向中标人发出中标通知书,同时将中标结果通知未中标的投标人。

7.4　履约担保

7.4.1　在签订合同前,中标人应按投标人须知前附表规定的担保形式和招标文件第四章"合同条款及格式"规定的或者事先经过招标人书面认可的履约担保格式向招标人提交履约担保。除投标人须知前附表另有规定外,履约担保金额为中标合同金额的10%。

7.4.2　中标人不能按本章第7.4.1项要求提交履约担保的,视为放弃中标,其投标保证金不予退还,给招标人造成的损失超过投标保证金数额的,中标人还应当对超过部分予以赔偿。

7.5　签订合同

7.5.1　招标人和中标人应当自中标通知书发出之日起30天内,根据招标文件和中标人的投标文件订立书面合同。中标人无正当理由拒签合同的,招标人取消其中标资格,其投标保证金不予退还;给招标人造成的损失超过投标保证金数额的,中标人还应当对超过部分予以赔偿。

7.5.2　发出中标通知书后,招标人无正当理由拒签合同的,招标人向中标人退还投标保证金;给中标人造成损失的,还应当赔偿损失。

8. 纪律和监督

8.1　对招标人的纪律要求

招标人不得泄漏招标投标活动中应当保密的情况和资料,不得与投标人串通损害国家利益、社会公共利益或者他人合法权益。

8.2　对投标人的纪律要求

投标人不得相互串通投标或者与招标人串通投标，不得向招标人或者评标委员会成员行贿谋取中标，不得以他人名义投标或者以其他方式弄虚作假骗取中标；投标人不得以任何方式干扰、影响评标工作。

8.3　对评标委员会成员的纪律要求

评标委员会成员不得收受他人的财物或者其他好处，不得向他人透露对投标文件的评审和比较、中标候选人的推荐情况以及评标有关的其他情况。在评标活动中，评标委员会成员应当客观、公正地履行职责，遵守职业道德，不得擅离职守，影响评标程序正常进行，不得使用第三章"评标办法"没有规定的评审因素和标准进行评标。

8.4　对与评标活动有关的工作人员的纪律要求

与评标活动有关的工作人员不得收受他人的财物或者其他好处，不得向他人透露对投标文件的评审和比较、中标候选人的推荐情况以及评标有关的其他情况。在评标活动中，与评标活动有关的工作人员不得擅离职守，影响评标程序正常进行。

8.5　投诉

投标人和其他利害关系人认为本次招标活动违反法律、法规和规章规定的，有权向有关行政监督部门投诉。

9. 需要补充的其他内容

需要补充的其他内容：见投标人须知前附表。

10. 电子招标投标

采用电子招标投标，对投标文件的编制、密封和标记、递交、开标、评标等的具体要求，见投标人须知前附表。

附件一:开标记录表

_____(项目名称)开标记录表

开标时间:_____年_____月_____日_____时_____分

序号	投标人	密封情况	投标保证金	投标报价(元)	质量标准	工期	备注	签名
招标人编制的标底/最高限价								

招标人代表:_____　　记录人:_____　　监标人:_____

附件二:问题澄清通知

问题澄清通知

　　　　　　　　编号:

_____(投标人名称):

　　_____(项目名称)招标的评标委员会,对你方的投标文件进行了仔细的审查,现需你方对下列问题以书面形式予以澄清:

　　1.

　　2.

　　…

　　请将上述问题的澄清于_____年_____月_____日_____时前递交至_____(详细地址)或传真至_____(传真号码)。采用传真方式的,应在_____年_____月_____日_____时前将原件递交至_____(详细地址)。

　　　　　　　　招标人或招标代理机构:_____(签字或盖章)

　　　　　　　　　　　　　_____年_____月_____日

附件三:问题的澄清

问题的澄清

编号:

_____(项目名称)招标评标委员会:

问题澄清通知(编号:_____)已收悉,现澄清如下:

1.

2.

...

投标人:_____(盖单位章)

法定代表人或其委托代理人:_____(签字)

_____年_____月_____日

附件四:中标通知书

中标通知书

_____(中标人名称):

你方于_____(投标日期)所递交的_____(项目名称)投标文件已被我方接受,被确定为中标人。

中标价:_____元。

工期:_____日历天。

工程质量:符合_____标准。

项目经理:_____(姓名)。

请你方在接到本通知书后的_____日内到_____(指定地点)与我方签订承包合同,在此之前按招标文件第二章"投标人须知"第7.4款规定向我方提交履约担保。

随附的澄清、说明、补正事项纪要,是本中标通知书的组成部分。

特此通知。

附:澄清、说明、补正事项纪要

招标人:_____(盖单位章)

法定代表人:_____(签字)

_____年_____月_____日

附件五:中标结果通知书

中标结果通知书

_____(未中标人名称):

　　我方已接受_____(中标人名称)于_____(投标日期)所递交的_____(项目名称)投标文件,确定_____(中标人名称)为中标人。

　　感谢你单位对我们工作的大力支持!

招标人:_____(盖单位章)

法定代表人:_____(签字)

_____年_____月_____日

附件六:确认通知

确认通知

_____(招标人名称):

　　你方于_____年_____月_____日发出的_____(项目名称)关于_____的通知,我方已于_____年_____月_____日收到。

　　特此确认.

投标人:_____(盖单位章)

_____年_____月_____日

第三章 评标办法(经评审的最低投标价法)

评标办法前附表

条款号		评审因素	评审标准
2.1.1	形式评审标准	投标人名称	与营业执照、资质证书、安全生产许可证一致
		投标函签字盖章	有法定代表人或其委托代理人签字或加盖单位章
		投标文件格式	符合第八章"投标文件格式"的要求
		报价唯一	只能有一个有效报价
		……	……
2.1.2	资格评审标准	营业执照	具备有效的营业执照
		安全生产许可证	具备有效的安全生产许可证
		资质等级	符合第二章"投标人须知"第1.4.1项规定
		项目经理	符合第二章"投标人须知"第1.4.1项规定
		财务要求	符合第二章"投标人须知"第1.4.1项规定
		业绩要求	符合第二章"投标人须知"第1.4.1项规定
		其他要求	符合第二章"投标人须知"第1.4.1项规定
		……	……
2.1.3	响应性评审标准	投标报价	符合第二章"投标人须知"第3.2.3项规定
		投标内容	符合第二章"投标人须知"第1.3.1项规定
		工期	符合第二章"投标人须知"第1.3.2项规定
		工程质量	符合第二章"投标人须知"第1.3.3项规定
		投标有效期	符合第二章"投标人须知"第3.3.1项规定
		投标保证金	符合第二章"投标人须知"第3.4.1项规定
		权利义务	符合第四章"合同条款及格式"规定
		已标价工程量清单	符合第五章"工程量清单"给出的范围及数量
		技术标准和要求	符合第七章"技术标准和要求"规定
		……	……

续表

条款号		评审因素	评审标准
2.1.4	施工组织设计评审标准	质量管理体系与措施	……
		安全管理体系与措施	……
		环境保护管理体系与措施	……
		工程进度计划与措施	……
		资源配备计划	……
		……	……

条款号		量化因素	量化标准
2.2	详细评审标准	单价遗漏	……
		不平衡报价	……
		……	……

1. 评标方法

本次评标采用经评审的最低投标价法。评标委员会对满足招标文件实质要求的投标文件,根据本章第2.2款规定的量化因素及量化标准进行价格折算,按照经评审的投标价由低到高的顺序推荐中标候选人,或根据招标人授权直接确定中标人,但投标报价低于其成本的除外。经评审的投标价相等时,投标报价低的优先;投标报价也相等的,由招标人或其授权的评标委员会自行确定。

2. 评审标准

2.1 初步评审标准

2.1.1 形式评审标准:见评标办法前附表。

2.1.2 资格评审标准:见评标办法前附表。

2.1.3 响应性评审标准:见评标办法前附表。

2.1.4 施工组织设计评审标准:见评标办法前附表。

2.2 详细评审标准

详细评审标准:见评标办法前附表。

3. 评标程序

3.1 初步评审

3.1.1 评标委员会可以要求投标人提交第二章"投标人须知"第3.5.1项至第3.5.4项规定的有关证明和证件的原件,以便核验。评标委员会依据本章第2.1款规定的标准对投标文件进行初步评审。有一项不符合评审标准的,评标委员会应当否决其投标。

3.1.2 投标人有以下情形之一的,评标委员会应当否决其投标:

(1)第二章"投标人须知"第1.4.2项、第1.4.3项规定的任何一种情形的;

(2)串通投标或弄虚作假或有其他违法行为的;

(3)不按评标委员会要求澄清、说明或补正的。

3.1.3 投标报价有算术错误的,评标委员会按以下原则对投标报价进行修正,修正的价格经投标人书面确认后具有约束力。投标人不接受修正价格的,评标委员会应当否决其投标。

（1）投标文件中的大写金额与小写金额不一致的，以大写金额为准；

（2）总价金额与依据单价计算出的结果不一致的，以单价金额为准修正总价，但单价金额小数点有明显错误的除外。

3.2　详细评审

3.2.1　评标委员会按本章第2.2款规定的量化因素和标准进行价格折算，计算出评标价，并编制价格比较一览表。

3.2.2　评标委员会发现投标人的报价明显低于其他投标报价，或者在设有标底时明显低于标底，使得其投标报价可能低于其成本的，应当要求该投标人做出书面说明并提供相应的证明材料。投标人不能合理说明或者不能提供相应证明材料的，评标委员会应当认定该投标人以低于成本报价竞标，否决其投标。

3.3　投标文件的澄清和补正

3.3.1　在评标过程中，评标委员会可以书面形式要求投标人对所提交的投标文件中不明确的内容进行书面澄清或说明，或者对细微偏差进行补正。评标委员会不接受投标人主动提出的澄清、说明或补正。

3.3.2　澄清、说明和补正不得改变投标文件的实质性内容。投标人的书面澄清、说明和补正属于投标文件的组成部分。

3.3.3　评标委员会对投标人提交的澄清、说明或补正有疑问的，可以要求投标人进一步澄清、说明或补正，直至满足评标委员会的要求。

3.4　评标结果

3.4.1　除第二章"投标人须知"前附表授权直接确定中标人外，评标委员会按照经评审的价格由低到高的顺序推荐中标候选人。

3.4.2　评标委员会完成评标后，应当向招标人提交书面评标报告。

评标办法(综合评估法)

评标办法前附表

条款号		评审因素	评审标准
2.1.1	形式评审标准	投标人名称	与营业执照、资质证书、安全生产许可证一致
		投标函签字盖章	有法定代表人或其委托代理人签字或加盖单位章
		投标文件格式	符合第八章"投标文件格式"的要求
		报价唯一	只能有一个有效报价
		……	……
2.1.2	资格评审标准	营业执照	具备有效的营业执照
		安全生产许可证	具备有效的安全生产许可证
		资质等级	符合第二章"投标人须知"第1.4.1项规定
		项目经理	符合第二章"投标人须知"第1.4.1项规定
		财务要求	符合第二章"投标人须知"第1.4.1项规定
		业绩要求	符合第二章"投标人须知"第1.4.1项规定
		其他要求	符合第二章"投标人须知"第1.4.1项规定
		……	……
2.1.3	响应性评审标准	投标报价	符合第二章"投标人须知"第3.2.3项规定
		投标内容	符合第二章"投标人须知"第1.3.1项规定
		工期	符合第二章"投标人须知"第1.3.2项规定
		工程质量	符合第二章"投标人须知"第1.3.3项规定
		投标有效期	符合第二章"投标人须知"第3.3.1项规定
		投标保证金	符合第二章"投标人须知"第3.4.1项规定
		权利义务	符合第四章"合同条款及格式"规定
		已标价工程量清单	符合第五章"工程量清单"给出的范围及数量
		技术标准和要求	符合第七章"技术标准和要求"规定
		……	……

续表

条款号	条款内容	编列内容	
2.2.1	分值构成（总分100分）	施工组织设计：＿＿＿＿分 项目管理机构：＿＿＿＿分 投标报价：＿＿＿＿分 其他评分因素：＿＿＿＿分	
2.2.2	评标基准价计算方法		
2.2.3	投标报价的偏差率计算公式	偏差率＝100%×（投标人报价－评标基准价）/评标基准价	
条款号		评分因素	评分标准
2.2.4 (1)	施工组织设计评分标准	内容完整性和编制水平	……
		施工方案与技术措施	……
		质量管理体系与措施	……
		安全管理体系与措施	……
		环境保护管理体系与措施	……
		工程进度计划与措施	……
		资源配备计划	……
		……	
2.2.4 (2)	项目管理机构评分标准	项目经理任职资格与业绩	……
		其他主要人员	……
		……	
2.2.4 (3)	投标报价评分标准	偏差率	……
		……	
2.2.4 (4)	其他因素评分标准	……	……

1. 评标方法

本次评标采用综合评估法。评标委员会对满足招标文件实质性要求的投标文件,按照本章第2.2款规定的评分标准进行打分,并按得分由高到低顺序推荐中标候选人,或根据招标人授权直接确定中标人,但投标报价低于其成本的除外。综合评分相等时,以投标报价低的优先;投标报价也相等的,由招标人或其授权的评标委员会自行确定。

2. 评审标准

2.1 初步评审标准

2.1.1 形式评审标准:见评标办法前附表。

2.1.2 资格评审标准:见评标办法前附表。

2.1.3 响应性评审标准:见评标办法前附表。

2.2 分值构成与评分标准

2.2.1 分值构成

(1)施工组织设计:见评标办法前附表;

(2)项目管理机构:见评标办法前附表;

(3)投标报价:见评标办法前附表;

(4)其他评分因素:见评标办法前附表。

2.2.2 评标基准价计算

评标基准价计算方法:见评标办法前附表。

2.2.3 投标报价的偏差率计算

投标报价的偏差率计算公式:见评标办法前附表。

2.2.4 评分标准

(1)施工组织设计评分标准:见评标办法前附表;

(2)项目管理机构评分标准:见评标办法前附表;

(3)投标报价评分标准:见评标办法前附表;

(4)其他因素评分标准:见评标办法前附表。

3. 评标程序

3.1　初步评审

3.1.1　评标委员会可以要求投标人提交第二章"投标人须知"第 3.5.1 项至第 3.5.4 项规定的有关证明和证件的原件,以便核验。评标委员会依据本章第 2.1 款规定的标准对投标文件进行初步评审。有一项不符合评审标准的,评标委员会应当否决其投标。

3.1.2　投标人有以下情形之一的,评标委员会应当否决其投标:

(1)第二章"投标人须知"第 1.4.2 项、第 1.4.3 项规定的任何一种情形的;

(2)串通投标或弄虚作假或有其他违法行为的;

(3)不按评标委员会要求澄清、说明或补正的。

3.1.3　投标报价有算术错误的,评标委员会按以下原则对投标报价进行修正,修正的价格经投标人书面确认后具有约束力。投标人不接受修正价格的,评标委员会应当否决其投标。

(1)投标文件中的大写金额与小写金额不一致的,以大写金额为准;

(2)总价金额与依据单价计算出的结果不一致的,以单价金额为准修正总价,但单价金额小数点有明显错误的除外。

3.2　详细评审

3.2.1　评标委员会按本章第 2.2 款规定的量化因素和分值进行打分,并计算出综合评估得分。

(1)按本章第 2.2.4(1)目规定的评审因素和分值对施工组织设计计算出得分 A;

(2)按本章第 2.2.4(2)目规定的评审因素和分值对项目管理机构计算出得分 B;

(3)按本章第 2.2.4(3)目规定的评审因素和分值对投标报价计算出得分 C;

(4)按本章第 2.2.4(4)目规定的评审因素和分值对其他部分计算出得分 D。

3.2.2　评分分值计算保留小数点后两位,小数点后第三位"四舍五入"。

3.2.3　投标人得分 = A+B+C+D。

3.2.4　评标委员会发现投标人的报价明显低于其他投标报价,或者在设有标底时明显低于标底,使得其投标报价可能低于其个别成本的,应当要求该投标人做出书面说明并提供相应的证明材料。投标人不能合理说明或者不能提供相应证明材料的,评标委员会应当认定该投标人以低于成本报价竞标,否决其投标。

3.3　投标文件的澄清和补正

3.3.1　在评标过程中,评标委员会可以书面形式要求投标人对所提交投标文件中不明确的内容进行书面澄清或说明,或者对细微偏差进行补正。评标委员会不接受投标人主动提出的澄清、说明或补正。

3.3.2　澄清、说明和补正不得改变投标文件的实质性内容。投标人的书面澄清、说明和补正属于投标文件的组成部分。

3.3.3 评标委员会对投标人提交的澄清、说明或补正有疑问的,可以要求投标人进一步澄清、说明或补正,直至满足评标委员会的要求。

3.4 评标结果

3.4.1 除第二章"投标人须知"前附表授权直接确定中标人外,评标委员会按照得分由高到低的顺序推荐中标候选人。

3.4.2 评标委员会完成评标后,应当向招标人提交书面评标报告。

第四章　合同条款及格式

第一节　通用合同条款

略

第二节　专用合同条款

略

第三节　合同附件格式

附件一:合同协议书

合同协议书

_____(发包人名称,以下简称"发包人")为实施_____(项目名称),已接受_____(承包人名称,以下简称"承包人")对该项目的投标。发包人和承包人共同达成如下协议。

1. 本协议书与下列文件一起构成合同文件:
(1)中标通知书;
(2)投标函及投标函附录;
(3)专用合同条款;
(4)通用合同条款;
(5)技术标准和要求;
(6)图纸;
(7)已标价工程量清单;
(8)其他合同文件。
2. 上述文件互相补充和解释,如有不明确或不一致之处,以合同约定次序在先者为准。
3. 签约合同价:人民币(大写)_____(￥_____)。
4. 合同形式:_____。
5. 计划开工日期:_____年_____月_____日;
计划竣工日期:_____年_____月_____日;工期:_____日历天。
6. 承包人项目经理:_____。
7. 工程质量符合_____标准。

8. 承包人承诺按合同约定承担工程的施工、竣工交付及缺陷修复。

9. 发包人承诺按合同约定的条件、时间和方式向承包人支付合同价款。

10. 本协议书一式_____份,合同双方各执_____份。

11. 合同未尽事宜,双方另行签订补充协议。补充协议是合同的组成部分。

发包人:_____(盖单位章)　　　承包人:_____(盖单位章)

法定代表人或其委托代理人:____(签字)　　法定代表人或其委托代理人:____(签字)

_____年_____月_____日　　　_____年_____月_____日

附件二:履约担保

履约担保

_____(发包人名称):

　　鉴于_____(发包人名称,以下简称"发包人")接受_____(承包人名称,以下称"承包人")于_____年_____月_____日参加_____(项目名称)的投标。我方愿意就承包人履行与你方订立的合同,向你方提供担保。

　　1. 担保金额人民币(大写)_____(¥_____)。

　　2. 担保有效期自发包人与承包人签订的合同生效之日起至发包人签发工程接收证书之日止。

　　3. 在本担保有效期内,因承包人违反合同约定的义务给你方造成经济损失时,我方在收到你方以书面形式提出的在担保金额内的赔偿要求后,在 7 天内支付。

　　4. 发包人和承包人按《通用合同条款》第 9 条变更合同时,我方承担本担保规定的义务不变。

担保人:_____(盖单位章)

法定代表人或其委托代理人:_____(签字)

地址:_____

邮政编码:_____

电话:_____

传真:_____

_____年_____月_____日

第五章　工程量清单

1. 工程量清单说明

1.1　本工程量清单是根据招标文件中包括的、有合同约束力的图纸以及有关工程量清单的国家标准、行业标准、合同条款中约定的工程量计算规则编制。约定计量规则中没有的子目，其工程量按照有合同约束力的图纸所标示尺寸的理论净量计算。计量采用中华人民共和国法定计量单位。

1.2　本工程量清单应与招标文件中的投标人须知、通用合同条款、专用合同条款、技术标准和要求及图纸等一起阅读和理解。

1.3　本工程量清单仅是投标报价的共同基础，实际工程计量和工程价款的支付应遵循合同条款的约定和第七章"技术标准和要求"的有关规定。

1.4　补充子目工程量计算规则及子目工作内容说明：＿＿＿＿＿＿＿＿＿＿＿＿＿＿
＿＿＿＿＿。

2. 投标报价说明

2.1　工程量清单中的每一子目须填入单价或价格，且只允许有一个报价。

2.2　工程量清单中标价的单价或金额，应包括所需的人工费、材料和施工机具使用费和企业管理费、利润以及一定范围内的风险费用等。

2.3　工程量清单中投标人没有填入单价或价格的子目，其费用视为已分摊在工程量清单中其他相关子目的单价或价格之中。

2.4　暂列金额的数量及拟用子目的说明。

3. 其他说明

4. 工程量清单

4.1　工程量清单表

＿＿＿＿＿＿＿（项目名称）

序号	编码	子目名称	内容描述	单位	数量	单价	合价

本页报价合计：＿＿＿＿＿＿＿

4.2 计日工表

4.2.1 劳务

编号	子目名称	单位	暂定数量	单价	合价

劳务小计金额:_____

(计入"计日工汇总表")

4.2.2 材料

编号	子目名称	单位	暂定数量	单价	合价

材料小计金额:_____

(计入"计日工汇总表")

4.2.3 施工机械

编号	子目名称	单位	暂定数量	单价	合价

施工机械小计金额:_____

(计入"计日工汇总表")

4.2.4 计日工汇总表

名称	金额	备注
劳务		
材料		
施工机械		

计日工总计:_____

(计入"投标报价汇总表")

4.3　投标报价汇总表

_____（项目名称）

汇总内容	金额	备注
……		
……		
……		
……		
……		
……		
……		
……		
……		
……		
……		
清单小计　A		
暂列金额　E		
包含在暂列金额中的计日工　D		
规费　G		
税金　H		
投标报价　P = A+E+G+H		

4.4　工程量清单单价分析表

序号	编码	子目名称	人工费			材料费						机械使用费	其他	管理费	利润	单价
						主材										
			工日	单价	金额	主材耗量	单位	单价	主材费	辅材费	金额					

第六章　图　　纸

1.图纸目录

序号	图名	图号	版本	出图日期	备注

2.图纸

第七章　技术标准和要求

略

第八章　投标文件格式

略

_____(项目名称)

投 标 文 件

投标人：_____（盖单位章）

法定代表人或其委托代理人：_____（签字）

_____年_____月_____日

目　录

一、投标函及投标函附录

（一）投标函

_____（招标人名称）：

1. 我方已仔细研究了_____（项目名称）招标文件的全部内容,愿意以人民币(大写)_____（￥_____）的投标总报价,工期_____日历天,按合同约定实施和完成承包工程,修补工程中的任何缺陷,工程质量达到_____。

2. 我方承诺在招标文件规定的投标有效期内不修改、撤销投标文件。

3. 随同本投标函提交投标保证金一份,金额为人民币(大写)_____（￥_____）。

4. 如我方中标:

（1）我方承诺在收到中标通知书后,在中标通知书规定的期限内与你方签订合同。

（2）随同本投标函递交的投标函附录属于合同文件的组成部分。

（3）我方承诺按照招标文件规定向你方递交履约担保。

（4）我方承诺在合同约定的期限内完成并移交全部合同工程。

5. 我方在此声明,所递交的投标文件及有关资料内容完整、真实和准确,且不存在第二章"投标人须知"第1.4.2项和第1.4.3项规定的任何一种情形。

6. _____（其他补充说明）。

投标人:_____（盖单位章）

法定代表人或其委托代理人:_____（签字）

地址:_____

网址:_____

电话:_____

传真:_____

邮政编码:_____

_____年_____月_____日

(二)投标函附录

序号	条款名称	合同条款号	约定内容	备注
1	项目经理	1.1.2.4	姓名:_____	
2	工期	1.1.4.3	天数:_____日历天	
3	缺陷责任期	1.1.4.5		
…	……	…	……	
…	……	…	……	
…	……	…	……	
…	……	…	……	
…	……	…	……	

二、法定代表人身份证明

投标人名称：_____

单位性质：_____

地址：_____

成立时间：_____年_____月_____日

经营期限：_____

姓名：_____性别：_____年龄：_____职务：_____

系_____（投标人名称）的法定代表人。

特此证明。

投标人：_____（盖单位章）

_____年_____月_____日

三、授权委托书

本人_____(姓名)系_____(投标人名称)的法定代表人,现委托_____(姓名)为我方代理人。代理人根据授权,以我方名义签署、澄清、说明、补正、递交、撤回、修改_____(项目名称)投标文件、签订合同和处理有关事宜,其法律后果由我方承担。

委托期限:_____。

代理人无转委托权。

附:法定代表人身份证明

投标人:_____

(盖单位章)法定代表人:_____

(签字)身份证号码:_____

委托代理人:_____

(签字)身份证号码:_____

_____年_____月_____日

四、投标保证金

_____（招标人名称）：

　　鉴于_____（投标人名称）（以下称"投标人"）于_____年_____月_____日参加_____（项目名称）的投标，_____（担保人名称，以下简称"我方"）保证：投标人在规定的投标文件有效期内撤销或修改其投标文件的，或者投标人在收到中标通知书后无正当理由拒签合同或拒交规定履约担保的，我方承担保证责任。收到你方书面通知后，在7日内向你方支付人民币（大写）_____。

　　本保函在投标有效期内保持有效。要求我方承担保证责任的通知应在投标有效期内送达我方。

　　　　　　　　　　担保人名称：_____（盖单位章）
　　　　　　　　　　法定代表人或其委托代理人：_____（签字）
　　　　　　　　　　地址：_____
　　　　　　　　　　邮政编码：_____
　　　　　　　　　　电话：_____
　　　　　　　　　　传真：_____
　　　　　　　　　　_____年_____月_____日

五、已标价工程量清单

　　略

六、施工组织设计

　　1. 投标人编制施工组织设计的要求：编制时应简明扼要地说明施工方法，工程质量、安全生产、文明施工、环境保护、冬雨季施工、工程进度、技术组织等主要措施。用图表形式阐明本项目的施工总平面、进度计划以及拟投入主要施工设备、劳动力、项目管理机构等。

　　2. 图表及格式要求：

　　附表一　拟投入的主要施工设备表
　　附表二　劳动力计划表
　　附表三　进度计划
　　附表四　施工总平面图

附表一

拟投入本项目的主要施工设备表

序号	设备名称	型号规格	数量	国别产地	制造年份	额定功率/kW	生产能力	用于施工部位	备注

附表二

劳动力计划表　　　　　　　　　　　　　　　　单位：人

工种	按工程施工阶段投入劳动力情况					

附表三 进度计划

1.投标人应递交施工进度网络图或施工进度表,说明按招标文件要求的计划工期进行施工的各个关键日期。

2.施工进度表可采用网络图或横道图表示。

附表四 施工总平面图

投标人应递交一份施工总平面图,绘出现场临时设施布置图表,并注明临时设施、加工车间、现场办公、设备及仓储、供电、供水、卫生、生活、道路、消防等设施的情况和布置。

七、项目管理机构

（一）项目管理机构组成表

职务	姓名	职称	执业或职业资格证明					备注
			证书名称	级别	证号	专业	养老保险	

(二)项目经理简历表

应附注册建造师执业资格证书、身份证、职称证、学历证、养老保险复印件,管理过的项目业绩需附合同协议书复印件。

姓 名		年 龄		学历	
职 称		职 务		拟在本合同任职	
毕业学校		年毕业于		学校	专业

主要工作经历

时间	参加过的类似项目	担任职务	发包人及联系电话

八、资格审查资料

（一）投标人基本情况表

投标人名称					
注册地址				邮政编码	
联系方式	联系人			电 话	
	传 真			网 址	
组织结构					
法定代表人	姓名		技术职称		电话
技术负责人	姓名		技术职称		电话
成立时间			员工总人数：		
企业资质等级		其中	项目经理		
营业执照号			高级职称人员		
注册资金			中级职称人员		
开户银行			初级职称人员		
账号			技　工		
经营范围					
备注					

（二）近年财务状况表

略

(三)近年完成的类似项目情况表

项目名称	
项目所在地	
发包人名称	
发包人地址	
发包人电话	
合同价格	
开工日期	
竣工日期	
承担的工作	
工程质量	
项目经理	
技术负责人	
项目描述	
备注	

（四）正在实施的和新承接的项目情况表

项目名称	
项目所在地	
发包人名称	
发包人地址	
发包人电话	
签约合同价	
开工日期	
计划竣工日期	
承担的工作	
工程质量	
项目经理	
技术负责人	
项目描述	
备注	

（五）其他资格审查资料辅助材料

略

附录三

建筑业企业资质管理规定

中华人民共和国建设部令第 159 号

《建筑业企业资质管理规定》已于 2006 年 12 月 30 日经建设部第 114 次常务会议讨论通过,现予发布,自 2007 年 9 月 1 日起施行。

建设部部长
二〇〇七年六月二十六日

建筑业企业资质管理规定

第一章 总 则

第一条 为了加强对建筑活动的监督管理,维护公共利益和建筑市场秩序,保证建设工程质量安全,根据《中华人民共和国建筑法》《中华人民共和国行政许可法》《建设工程质量管理条例》《建设工程安全生产管理条例》等法律、行政法规,制定本规定。

第二条 在中华人民共和国境内申请建筑业企业资质,实施对建筑业企业资质监督管理,适用本规定。本规定所称建筑业企业,是指从事土木工程、建筑工程、线路管道设备安装工程、装修工程的新建、扩建、改建等活动的企业。

第三条 建筑业企业应当按照其拥有的注册资本、专业技术人员、技术装备和已完成的建筑工程业绩等条件申请资质,经审查合格,取得建筑业企业资质证书后,方可在资质许可的范围内从事建筑施工活动。

第四条 国务院建设主管部门负责全国建筑业企业资质的统一监督管理。国务院铁路、交通、水利、信息产业、民航等有关部门配合国务院建设主管部门实施相关资质类别建筑业企业资质的管理工作。

省、自治区、直辖市人民政府建设主管部门负责本行政区域内建筑业企业资质的统一监督管理。省、自治区、直辖市人民政府交通、水利、信息产业等有关部门配合同级建设主管部门实施本行政区域内相关资质类别建筑业企业资质的管理工作。

第二章　资质序列、类别和等级

第五条　建筑业企业资质分为施工总承包、专业承包和劳务分包三个序列。

第六条　取得施工总承包资质的企业(以下简称施工总承包企业),可以承接施工总承包工程。施工总承包企业可以对所承接的施工总承包工程内各专业工程全部自行施工,也可以将专业工程或劳务作业依法分包给具有相应资质的专业承包企业或劳务分包企业。取得专业承包资质的企业(以下简称专业承包企业),可以承接施工总承包企业分包的专业工程和建设单位依法发包的专业工程。专业承包企业可以对所承接的专业工程全部自行施工,也可以将劳务作业依法分包给具有相应资质的劳务分包企业。

取得劳务分包资质的企业(以下简称劳务分包企业),可以承接施工总承包企业或专业承包企业分包的劳务作业。

第七条　施工总承包资质、专业承包资质、劳务分包资质序列按照工程性质和技术特点分别划分为若干资质类别。各资质类别按照规定的条件划分为若干资质等级。

第八条　建筑业企业资质等级标准和各类别等级资质企业承担工程的具体范围,由国务院建设主管部门会同国务院有关部门制定。

第三章　资质许可

第九条　下列建筑业企业资质的许可,由国务院建设主管部门实施:

(一)施工总承包序列特级资质、一级资质;

(二)国务院国有资产管理部门直接监管的企业及其下属一层级的企业的施工总承包二级资质、三级资质;

(三)水利、交通、信息产业方面的专业承包序列一级资质;

(四)铁路、民航方面的专业承包序列一级、二级资质;

(五)公路交通工程专业承包不分等级资质、城市轨道交通专业承包不分等级资质。申请前款所列资质的,应当向企业工商注册所在地省、自治区、直辖市人民政府建设主管部门提出申请。其中,国务院国有资产管理部门直接监管的企业及其下属一层级的企业,应当由国务院国有资产管理部门直接监管的企业向国务院建设主管部门提出申请。

省、自治区、直辖市人民政府建设主管部门应当自受理申请之日起 20 日内初审完毕并将初审意见和申请材料报国务院建设主管部门。

国务院建设主管部门应当自省、自治区、直辖市人民政府建设主管部门受理申请材料之日起 60 日内完成审查,公示审查意见,公示时间为 10 日。其中,涉及铁路、交通、水利、信息产业、民航等方面的建筑业企业资质,由国务院建设主管部门送国务院有关部门审核,国务院有关部门在 20 日内审核完毕,并将审核意见送国务院建设主管部门。

第十条　下列建筑业企业资质许可,由企业工商注册所在地省、自治区、直辖市人民政府建设主管部门实施:

(一)施工总承包序列二级资质(不含国务院国有资产管理部门直接监管的企业及其下属一层级的企业的施工总承包序列二级资质);

(二)专业承包序列一级资质(不含铁路、交通、水利、信息产业、民航方面的专业承包序列一级资质）；

（三）专业承包序列二级资质（不含民航、铁路方面的专业承包序列二级资质）；

（四）专业承包序列不分等级资质（不含公路交通工程专业承包序列和城市轨道交通专业承包序列的不分等级资质）。

前款规定的建筑业企业资质许可的实施程序由省、自治区、直辖市人民政府建设主管部门依法确定。

省、自治区、直辖市人民政府建设主管部门应当自做出决定之日起30日内，将准予资质许可的决定报国务院建设主管部门备案。

第十一条 下列建筑业企业资质许可，由企业工商注册所在地设区的市人民政府建设主管部门实施：

（一）施工总承包序列三级资质（不含国务院国有资产管理部门直接监管的企业及其下属一层级的企业的施工总承包三级资质）；

（二）专业承包序列三级资质；

（三）劳务分包序列资质；

（四）燃气燃烧器具安装、维修企业资质。

前款规定的建筑业企业资质许可的实施程序由省、自治区、直辖市人民政府建设主管部门依法确定。

企业工商注册所在地设区的市人民政府建设主管部门应当自做出决定之日起30日内，将准予资质许可的决定通过省、自治区、直辖市人民政府建设主管部门，报国务院建设主管部门备案。

第十二条 建筑业企业资质证书分为正本和副本，正本一份，副本若干份，由国务院建设主管部门统一印制，正、副本具备同等法律效力。资质证书有效期为5年。

第十三条 建筑业企业可以申请一项或多项建筑业企业资质；申请多项建筑业企业资质的，应当选择等级最高的一项资质为企业主项资质。

第十四条 首次申请或者增项申请建筑业企业资质，应当提交以下材料：

（一）建筑业企业资质申请表及相应的电子文档；

（二）企业法人营业执照副本；

（三）企业章程；

（四）企业负责人和技术、财务负责人的身份证明、职称证书、任职文件及相关资质标准要求提供的材料；

（五）建筑业企业资质申请表中所列注册执业人员的身份证明、注册执业证书；

（六）建筑业企业资质标准要求的非注册的专业技术人员的职称证书、身份证明及养老保险凭证；

（七）部分资质标准要求企业必须具备的特殊专业技术人员的职称证书、身份证明及养老保险凭证；

（八）建筑业企业资质标准要求的企业设备、厂房的相应证明；

（九）建筑业企业安全生产条件有关材料；

（十）资质标准要求的其他有关材料。

第十五条 建筑业企业申请资质升级的，应当提交以下材料：

（一）本规定第十四条第（一）、（二）、（四）、（五）、（六）、（八）、（十）项所列资料；

（二）企业原资质证书副本复印件；

（三）企业年度财务、统计报表；

（四）企业安全生产许可证副本；

（五）满足资质标准要求的企业工程业绩的相关证明材料。

第十六条　资质有效期届满，企业需要延续资质证书有效期的，应当在资质证书有效期届满 60 日前，申请办理资质延续手续。

对在资质有效期内遵守有关法律、法规、规章、技术标准，信用档案中无不良行为记录，且注册资本、专业技术人员满足资质标准要求的企业，经资质许可机关同意，有效期延续 5 年。

第十七条　建筑业企业在资质证书有效期内名称、地址、注册资本、法定代表人等发生变更的，应当在工商部门办理变更手续后 30 日内办理资质证书变更手续。

由国务院建设主管部门颁发的建筑业企业资质证书，涉及企业名称变更的，应当向企业工商注册所在地省、自治区、直辖市人民政府建设主管部门提出变更申请，省、自治区、直辖市人民政府建设主管部门应当自受理申请之日起 2 日内将有关变更证明材料报国务院建设主管部门，由国务院建设主管部门在 2 日内办理变更手续。

前款规定以外的资质证书变更手续，由企业工商注册所在地的省、自治区、直辖市人民政府建设主管部门或者设区的市人民政府建设主管部门负责办理。省、自治区、直辖市人民政府建设主管部门或者设区的市人民政府建设主管部门应当自受理申请之日起 2 日内办理变更手续，并在办理资质证书变更手续后 15 日内将变更结果报国务院建设主管部门备案。

涉及铁路、交通、水利、信息产业、民航等方面的建筑业企业资质证书的变更，办理变更手续的建设主管部门应当将企业资质变更情况告知同级有关部门。

第十八条　申请资质证书变更，应当提交以下材料：

（一）资质证书变更申请；

（二）企业法人营业执照复印件；

（三）建筑业企业资质证书正、副本原件；

（四）与资质变更事项有关的证明材料。企业改制的，除提供前款规定资料外，还应当提供改制重组方案、上级资产管理部门或者股东大会的批准决定、企业职工代表大会同意改制重组的决议。

第十九条　企业首次申请、增项申请建筑业企业资质，不考核企业工程业绩，其资质等级按照最低资质等级核定。

已取得工程设计资质的企业首次申请同类别或相近类别的建筑业企业资质的，可以将相应规模的工程总承包业绩作为工程业绩予以申报，但申请资质等级最高不超过其现有工程设计资质等级。

第二十条　企业合并的，合并后存续或者新设立的建筑业企业可以承继合并前各方中较高的资质等级，但应当符合相应的资质等级条件。

企业分立的，分立后企业的资质等级，根据实际达到的资质条件，按照本规定的审批程序核定。企业改制的，改制后不再符合资质标准的，应按其实际达到的资质标准及本规定申请重新核定；资质条件不发生变化的，按本规定第十八条办理。

第二十一条　取得建筑业企业资质的企业，申请资质升级、资质增项，在申请之日起前

一年内有下列情形之一的,资质许可机关不予批准企业的资质升级申请和增项申请:

　　(一)超越本企业资质等级或以其他企业的名义承揽工程,或允许其他企业或个人以本企业的名义承揽工程的;

　　(二)与建设单位或企业之间相互串通投标,或以行贿等不正当手段谋取中标的;

　　(三)未取得施工许可证擅自施工的;

　　(四)将承包的工程转包或违法分包的;

　　(五)违反国家工程建设强制性标准的;

　　(六)发生过较大生产安全事故或者发生过两起以上一般生产安全事故的;

　　(七)恶意拖欠分包企业工程款或者农民工工资的;

　　(八)隐瞒或谎报、拖延报告工程质量安全事故或破坏事故现场、阻碍对事故调查的;

　　(九)按照国家法律、法规和标准规定需要持证上岗的技术工种的作业人员未取得证书上岗,情节严重的;

　　(十)未依法履行工程质量保修义务或拖延履行保修义务,造成严重后果的;

　　(十一)涂改、倒卖、出租、出借或者以其他形式非法转让建筑业企业资质证书;

　　(十二)其他违反法律、法规的行为。

　　第二十二条　企业领取新的建筑业企业资质证书时,应当将原资质证书交回原发证机关予以注销。企业需增补(含增加、更换、遗失补办)建筑业企业资质证书的,应当持资质证书增补申请等材料向资质许可机关申请办理。遗失资质证书的,在申请补办前应当在公众媒体上刊登遗失声明。资质许可机关应当在2日内办理完毕。

第四章　监督管理

　　第二十三条　县级以上人民政府建设主管部门和其他有关部门应当依照有关法律、法规和本规定,加强对建筑业企业资质的监督管理。

　　上级建设主管部门应当加强对下级建设主管部门资质管理工作的监督检查,及时纠正资质管理中的违法行为。

　　第二十四条　建设主管部门、其他有关部门履行监督检查职责时,有权采取下列措施:

　　(一)要求被检查单位提供建筑业企业资质证书、注册执业人员的注册执业证书,有关施工业务的文档,有关质量管理、安全生产管理、档案管理、财务管理等企业内部管理制度的文件;

　　(二)进入被检查单位进行检查,查阅相关资料;

　　(三)纠正违反有关法律、法规和本规定及有关规范和标准的行为。

　　建设主管部门、其他有关部门依法对企业从事行政许可事项的活动进行监督检查时,应当将监督检查情况和处理结果予以记录,由监督检查人员签字后归档。

　　第二十五条　建设主管部门、其他有关部门在实施监督检查时,应当有两名以上监督检查人员参加,并出示执法证件,不得妨碍企业正常的生产经营活动,不得索取或者收受企业的财物,不得谋取其他利益。

　　有关单位和个人对依法进行的监督检查应当协助与配合,不得拒绝或者阻挠。

　　监督检查机关应当将监督检查的处理结果向社会公布。

　　第二十六条　建筑业企业违法从事建筑活动的,违法行为发生地的县级以上地方人民政府建设主管部门或者其他有关部门应当依法查处,并将违法事实、处理结果或处理建议及时告知该建筑业企业的资质许可机关。

第二十七条　企业取得建筑业企业资质后不再符合相应资质条件的,建设主管部门、其他有关部门根据利害关系人的请求或者依据职权,可以责令其限期改正;逾期不改的,资质许可机关可以撤回其资质。被撤回建筑业企业资质的企业,可以申请资质许可机关按照其实际达到的资质标准,重新核定资质。

第二十八条　有下列情形之一的,资质许可机关或者其上级机关,根据利害关系人的请求或者依据职权,可以撤销建筑业企业资质:

(一)资质许可机关工作人员滥用职权、玩忽职守做出准予建筑业企业资质许可的;

(二)超越法定职权做出准予建筑业企业资质许可的;

(三)违反法定程序做出准予建筑业企业资质许可的;

(四)对不符合许可条件的申请人做出准予建筑业企业资质许可的;

(五)依法可以撤销资质证书的其他情形。

以欺骗、贿赂等不正当手段取得建筑业企业资质证书的,应当予以撤销。

第二十九条　有下列情形之一的,资质许可机关应当依法注销建筑业企业资质,并公告其资质证书作废,建筑业企业应当及时将资质证书交回资质许可机关:

(一)资质证书有效期届满,未依法申请延续的;

(二)建筑业企业依法终止的;

(三)建筑业企业资质依法被撤销、撤回或吊销的;

(四)法律、法规规定的应当注销资质的其他情形。

第三十条　有关部门应当将监督检查情况和处理意见及时告知资质许可机关。资质许可机关应当将涉及有关铁路、交通、水利、信息产业、民航等方面的建筑业企业资质被撤回、撤销和注销的情况告知同级有关部门。

第三十一条　企业应当按照有关规定,向资质许可机关提供真实、准确、完整的企业信用档案信息。

企业的信用档案应当包括企业基本情况、业绩、工程质量和安全、合同履约等情况。被投诉举报和处理、行政处罚等情况应当作为不良行为记入其信用档案。

企业的信用档案信息按照有关规定向社会公示。

第五章　法律责任

第三十二条　申请人隐瞒有关情况或者提供虚假材料申请建筑业企业资质的,不予受理或者不予行政许可,并给予警告,申请人在1年内不得再次申请建筑业企业资质。

第三十三条　以欺骗、贿赂等不正当手段取得建筑业企业资质证书的,由县级以上地方人民政府建设主管部门或者有关部门给予警告,并依法处以罚款,申请人3年内不得再次申请建筑业企业资质。

第三十四条　建筑业企业有本规定第二十一条行为之一,《中华人民共和国建筑法》《建设工程质量管理条例》和其他有关法律、法规对处罚机关和处罚方式有规定的,依照法律、法规的规定执行;法律、法规未作规定的,由县级以上地方人民政府建设主管部门或者其他有关部门给予警告,责令改正,并处1万元以上3万元以下的罚款。

第三十五条 建筑业企业未按照本规定及时办理资质证书变更手续的,由县级以上地方人民政府建设主管部门责令限期办理;逾期不办理的,可处以 1 000 元以上 1 万元以下的罚款。

第三十六条 建筑业企业未按照本规定要求提供建筑业企业信用档案信息的,由县级以上地方人民政府建设主管部门或者其他有关部门给予警告,责令限期改正;逾期未改正的,可处以 1 000 元以上 1 万元以下的罚款。

第三十七条 县级以上地方人民政府建设主管部门依法给予建筑业企业行政处罚的,应当将行政处罚决定以及给予行政处罚的事实、理由和依据,报国务院建设主管部门备案。

第三十八条 建设主管部门及其工作人员,违反本规定,有下列情形之一的,由其上级行政机关或者监察机关责令改正;情节严重的,对直接负责的主管人员和其他直接责任人员,依法给予行政处分:

(一)对不符合条件的申请人准予建筑业企业资质许可的;

(二)对符合条件的申请人不予建筑业企业资质许可或者不在法定期限内做出准予许可决定的;

(三)对符合条件的申请不予受理或者未在法定期限内初审完毕的;

(四)利用职务上的便利,收受他人财物或者其他好处的;

(五)不依法履行监督管理职责或者监督不力,造成严重后果的。

第六章 附 则

第三十九条 取得建筑业企业资质证书的企业,可以从事资质许可范围相应等级的建设工程总承包业务,可以从事项目管理和相关的技术与管理服务。

第四十条 本规定自 2007 年 9 月 1 日起施行。2001 年 4 月 18 日建设部颁布的《建筑业企业资质管理规定》(建设部令第 87 号)同时废止。

参 考 文 献

[1] 建设工程施工合同(示范文本)[GF-2013-0201],住房和城乡建设部,国家工商行政管理总局.

[2] 中华人民共和国招标投标法.自2000年1月1日起施行.

[3] 中华人民共和国简明标准施工招标文件(2012年版).

[4] 建筑业企业资质管理规定.中华人民共和国建设部令第159号.

[5] 全国建筑企业项目经理培训教材编委会.工程招投标与合同管理[M].北京:中国建筑工业出版社,2003.

[6] 刘钦.工程招投标与合同管理[M].北京:高等教育出版社,2003.

[7] 林密.工程招投标与合同管理[M].北京:中国建筑工业出版社,2007.

[8] 武育秦.工程招投标与合同管理[M].重庆:重庆大学出版社,2010.